Quantum Computation aus algorithmischer Sicht

von
Prof. Dr.rer.nat. Dr.-Ing. Thomas F. Sturm und
Prof. Dr.-Ing. Jörg Schulze

Oldenbourg Verlag München

Thomas Sturm studierte Mathematik an der TU München, wo er 1992 auch zum Dr.rer.nat. promovierte. Eine zweite Promotion zum Dr.-Ing. erhielt er 2003 an der Universität der Bundeswehr München. Von 1995 bis 2003 war er Projektwissenschaftler bei Siemens bzw. Infineon Technologies. Seit 2004 lehrt Thomas Sturm als Fachhochschulprofessor für Mathematik, insbesondere Technomathematik, an der Universität der Bundeswehr München.

Jörg Schulze arbeitete – nach dem Studium der Physik und der Promotion zum Dr.-Ing. – als Wissenschaftlicher Mitarbeiter an der Universität der Bundeswehr München, wo er sich 2004 habilitierte. Ab 2005 war er bei der Siemens AG in München tätig. Parallel lehrte er als Privatdozent an der Fakultät für Physik der UdB München. Zum 1. Oktober 2008 wechselte Jörg Schulze an die Universität Stuttgart, wo er seitdem das Institut für Halbleitertechnik leitet.

Bibliografische Information der Deutschen Nationalbibliothek

Die Deutsche Nationalbibliothek verzeichnet diese Publikation in der Deutschen Nationalbibliografie; detaillierte bibliografische Daten sind im Internet über <http://dnb.d-nb.de> abrufbar.

© 2009 Oldenbourg Wissenschaftsverlag GmbH
Rosenheimer Straße 145, D-81671 München
Telefon: (089) 45051-0
oldenbourg.de

Lektorat: Kathrin Mönch
Herstellung: Dr. Rolf Jäger
Coverentwurf: Kochan & Partner, München
Gedruckt auf säure- und chlorfreiem Papier
Gesamtherstellung: Books on Demand GmbH, Norderstedt

ISBN 978-3-486-58914-6

Vorwort

Quantenalgorithmen werden auch in populärwissenschaftlichen Beiträgen häufig diskutiert und die mögliche neue Revolution auf dem Sektor der Informationsverarbeitung durch Quantencomputer oft zitiert. Es kommt dabei schnell der Eindruck einer sich neu entwickelnden Geheimwissenschaft auf, die nur wenigen Eingeweihten zugänglich ist. Obwohl eine große Zahl von Wissenschaftlern, Ingenieuren und Informatikern mit Algorithmik mehr oder weniger intensiv befasst ist, erscheint vielen Nichtphysikern der Zugang zu Quantenalgorithmen „mysteriös".

Eine Zielsetzung des Buches ist es, die algorithmische Sicht auf das Quantum Computation durch Bereitstellung der Werkzeuge und möglichst vollständige Modellierung herauszuarbeiten. Nach einer physikalischen Betrachtung der Quantenmechanik werden daher zunächst die benötigten mathematischen Grundlagen eingeführt, namentlich Vektorräume, darauf aufbauend Hilberträume und die Tensorrechnung, gefolgt von den Grundlagen der Wahrscheinlichkeitsrechnung. Je nach Kenntnisstand des geneigten Lesers ist dieses Kapitel als Einführung, Vertiefung, Wiederholung oder Notationsvereinbarung zu verstehen. Die Erfahrung hat gezeigt, dass sich das „Mysteriöse" der Quantenalgorithmen oft nicht zuletzt aus unklaren Notationen ergab.

Auf diesen Grundlagen wird ein Quantencomputer insoweit modelliert, wie es für die Formulierung von Algorithmen notwendig ist, d.h. als mathematisches Modell der Quantenbits, der Zeitentwicklung durch Gates und der abschließenden Messungen. Auf diesem Modell werden dann die klassischen Quantenalgorithmen jeweils vollständig eingeführt und erklärt. Schließlich wird die denkbare Umsetzung von Quantenalgorithmen auf heute existierende klassische Computer diskutiert.

Nach Hoffnung der Autoren erscheint das Quantum Computation durch Lesen des Buches nicht mehr mysteriös, sondern einer breiteren Gruppe von Menschen mit den üblichen Mitteln der Mathematik fassbar. Die „andere" Denkweise bei Quantenalgorithmen bleibt faszinierend und könnte auch andere Gebiete befruchten.

Wir danken dem Verlag für das Interesse und die stets hervorragende Zusammenarbeit. Außerdem möchten wir insbesondere Herrn Prof. Dr. rer. nat. Dr.-Ing. h. c. Albert Gilg herzlich danken, der im Rahmen von Projekten der Siemens AG in München das Buchvorhaben initiierte und förderte.

Thomas F. Sturm, Jörg Schulze

Inhaltsverzeichnis

1 Grundlagen aus der Quantenmechanik

1.1 Eine kleine historische Einführung

Mit der Erkenntnis der Maxwellschen Theorie elektromagnetischer Phänomene, dass sich elektromagnetische Felder im Vakuum mit Lichtgeschwindigkeit ausbreiten, schien der Jahrhunderte alte Streit über die Natur des Lichts – Korpuskel oder Welle? – zugunsten der Wellennatur endgültig entschieden, bis Max Plancks Arbeiten über die Theorie der Schwarzkörper- bzw. Hohlraumstrahlung diese scheinbare Endgültigkeit wieder in Frage stellte. Um die spektrale Energiedichteverteilung der Hohlraumstrahlung erklären zu können, sah sich Planck gezwungen, die Strahlungsenergie zu einer gegebenen Frequenz f beziehungsweise[1] ω als ein ganzzahliges Vielfaches eines Grundquantums[2] $h \cdot f = \hbar \cdot \omega$ anzunehmen. Flankiert durch zahlreiche experimentelle Ergebnisse verschiedener Forscher, die mit Hilfe einer Kathodenstrahlröhre im Zeitraum 1897–1905 gewonnen wurden, kam damit Einstein zu der Erkenntnis, dass man Licht der Frequenz f unter bestimmten experimentellen Umständen als Korpuskel (Einstein prägte den Begriff des „Photons") mit der Energie $W = h \cdot f = \hbar \cdot \omega$ und den damit verbundenen Lichtstrahl als einen Korpuskelstrahl betrachten muss. Der Streit über die Natur, die *Dualität* des Lichtes war wieder eröffnet.

Die Fülle der experimentellen Resultate, die mit Hilfe unterschiedlich modifizierter Kathodenstrahlröhren in den ersten 20 Jahren des 20. Jahrhunderts gesammelt wurden, motivierte die Forscher auch zur Frage nach der Struktur der Atome. Jeder Versuch einer rein klassischen Interpretation scheiterte. Erst durch das semiklassische Bohrsche Atommodell, welches das Atom aus einer Hülle von korpuskularen Elektronen, die einen festen, positiv geladenen Kern auf Kreisbahnen umkreisen, bestehend beschreibt, gelang 1913 ein erster befriedigender Ansatz. Allerdings musste man dafür die klassisch nicht begründbare Quantisierung des Bahndrehimpulses der Elektronen akzeptieren, die als „Drittes Bohrsches Postulat" berühmt geworden ist und die eine Auswahlregel für die „erlaubten" Kreisbahnradien der Elektronenbahnen darstellt. Louis de Broglie erkannte, dass sich diese Quantisierungsregel befriedigend als ein „Stehende Welle"-Phänomen beschreiben lässt, billigt man den Elektronen eine Wellennatur durch Einführung einer Wellenlänge zu. Inspiriert dadurch erhob Louis de Broglie in seiner Dissertation „Recherches sur la théorie des Quanta" 1924 den *„Welle-Teilchen-Dualismus"* zu einem Grundprinzip der Natur und postulierte, dass er auch auf jegliche Arte fester Materie anwendbar ist.

Folgt man de Broglies Postulat, so muss sich eine Wellengleichung für z. B. ein ruhemassebehaftetes nicht-relativistisches Teilchen finden lassen, die die Ausbreitung der *„Materiewelle"*

---

[1]Kreisfrequenz $\omega = 2\pi \cdot f$.

[2]Die Naturkonstante $\hbar$ (*Dirac-Konstante* bzw. reduziertes *Plancksches Wirkungsquantum*) hat den Wert $\hbar = \frac{h}{2\pi}$, wobei h das Plancksche Wirkungsquantum ist mit $h \approx 6.626 \cdot 10^{-34}$Js, siehe [13].

$\psi(\vec{r}, t)$, die nun das Korpuskel darstellt, im Raum und in der Zeit richtig beschreibt. Die Formulierung dieser Wellengleichung gelang 1926 Erwin Schrödinger und trägt seitdem ihm zu Ehren seinen Namen. Für ein nicht-relativistisches Korpuskel der Masse m, welches sich mit dem Impuls p im Potential $W_{\text{pot}}(\vec{r}, t)$ bewegt, lautet sie:

$$i \cdot \hbar \cdot \frac{\partial \psi(\vec{r}, t)}{\partial t} = \left(-\frac{\hbar^2}{2 \cdot m} \cdot \Delta + W_{\text{pot}}(\vec{r}, t) \right) \cdot \psi(\vec{r}, t) = H \cdot \psi(\vec{r}, t). \qquad (1.1)$$

Der in der *Schrödinger-Gleichung* (1.1) eingeführte Operator H wird *Hamilton-Operator* genannt.

Die Schrödinger-Gleichung ist so konstruiert, dass die ebene Welle

$$\psi(\vec{r}, t) = \psi_0 \cdot \exp\left(i(\langle \vec{k}, \vec{r} \rangle \pm \omega \cdot t) \right) \qquad (1.2)$$

Lösung ist und sich als *Dispersionsrelation* der nicht-relativistische Energiesatz für ruhemassebehaftete Teilchen ergibt:

$$\hbar \cdot \omega = W_{\text{ges}} = \frac{\hbar^2 \cdot k^2}{2 \cdot m} + W_{\text{pot}} = \frac{p^2}{2 \cdot m} + W_{\text{pot}} = W_{\text{kin}} + W_{\text{pot}}. \qquad (1.3)$$

Diese Konstruktion führt aber zu dem Problem, dass sich nur komplexwertige Wellenfunktionen $\psi(\vec{r}, t)$ ergeben, die sich physikalisch nicht interpretieren lassen, da die physikalische Interpretierbarkeit an reellwertige und damit physikalisch messbare Funktionen geknüpft ist.

Diese Schwierigkeit behebt die auf Born, Bohr und Heisenberg zurückgehende *Kopenhagener Deutung* der Quantenmechanik von 1927, die auf einer Wahrscheinlichkeitsinterpretation fußt: Der Deutung zufolge ist die Wellenfunktion $\psi(\vec{r}, t)$ selbst nicht interpretierbar, auch wenn man ihr den wohlklingenden Namen „*Aufenthaltswahrscheinlichkeitsdichtenamplitude*" gab, vergleiche auch Definition 2.83 auf Seite 58. Wohl ist aber das Betragsquadrat der Wellenfunktion interpretierbar, welches ein Maß für die Wahrscheinlichkeit ist, das Teilchen am Ort $\vec{r}$ zum Zeitpunkt t zu finden:

$$g(\vec{r}, t) := |\psi(\vec{r}, t)|^2 \qquad (1.4)$$

Zu einem Zeitpunkt t muss das Teilchen mit Wahrscheinlichkeit 1 irgendwo im Raum gefunden werden, so dass also die folgende Normierungsbedingung gilt:

$$\int_{\mathbb{R}^3} g(\vec{r}, t)\, d\vec{r} = \int_{\mathbb{R}^3} |\psi(\vec{r}, t)|^2\, d\vec{r} \overset{!}{=} 1. \qquad (1.5)$$

1.2   Physikalischer Zustandsraum

Nun betrachten wir etwas mathematisch abstrahiert eine Wellenfunktion als eine Abbildung von einem k-dimensionalen reellen Parameterraum in die komplexen Zahlen:

$$\psi : \mathbb{R}^k \to \mathbb{C}$$

Die Menge der möglichen Wellenfunktionen zur Beschreibung eines Teilchens lässt sich zu einem Funktionenraum zusammenfassen

$$\mathscr{L}^2(\mathbb{R}^k) := \left\{ \psi : \mathbb{R}^k \to \mathbb{C} \mid \psi \text{ messbar und } |\psi|^2 \text{ integrierbar} \right\}.$$

In diesem Zusammenhang steht Messbarkeit für die Lebesgue-Messbarkeit von Funktionen, siehe Abschnitt 2.4.2 auf Seite 45 und [1, 23].

$\mathscr{L}^2(\mathbb{R}^k)$ ist damit ein komplexer unendlichdimensionaler Vektorraum. Um eine Norm und ein Skalarprodukt für Wellenfunktionen angeben zu können, siehe Abschnitt 2.2.1 auf Seite 24, müssen noch redundante Wellenfunktionen zu Klassen zusammengefasst werden, d.h. Wellenfunktionen, die hinsichtlich des Lebesgue-Maßes fast überall gleich sind, was in physikalischer Interpretation für ununterscheidbare Wellenfunktionen steht. Für solche Wellenfunktionen verwendet man die Äquivalenzrelation

$$\psi_1 \sim \psi_2 \quad :\Leftrightarrow \quad \psi_1(x) = \psi_2(x) \quad \text{für fast alle } x \in \mathbb{R}^k.$$

Auf dem Faktorraum

$$L^2(\mathbb{R}^k) := \mathscr{L}^2(\mathbb{R}^k)/N$$

von $\mathscr{L}^2(\mathbb{R}^k)$ nach der Untermenge $N := \left\{ \psi \in \mathscr{L}^2(\mathbb{R}^k) \mid \psi = 0 \text{ fast überall} \right\}$ lässt sich ein Skalarprodukt und eine dazu korrespondierende Norm, $\|\psi\| = \sqrt{\langle \psi, \psi \rangle}$, für die beschriebenen Wellenfunktionen festlegen, und $L^2(\mathbb{R}^k)$ ist dann der *Hilbertraum* der Wellenfunktionen, vgl. Abschnitt 2.2.1. Ein Element aus $L^2(\mathbb{R}^k)$ entspricht dabei einem *Zustand* des Systems.

Die mathematische Lösung der Schrödingergleichung (1.1) ergibt gleich eine ganze Schar von Lösungen $\alpha \cdot \psi$ mit $\alpha \in \mathbb{C}$. Die *Kopenhagener Deutung* besagt nun, dass diese Schar von Wellenfunktionen nur einen einzigen Zustand beschreibt und sich auf eine normierte Darstellung reduzieren lässt. Durch die Normierung der Form (1.5) ergibt sich eine statistische Wahrscheinlichkeitsinterpretation.

Das physikalische System kann verschiedene Zustände einnehmen, die durch jeweils eine Wellenfunktion ψ ausgedrückt werden und wegen der Linearität des Hilbertraumes kann es auch alle durch eine Linearkombination dieser Zustände entstehenden Zustände einnehmen [4]. Eine Linearkombination von normierten Zuständen ist zwar nicht selbst normiert, aber der neu entstandene Zustand befindet sich auf einem Vektorstrahl, auf dem sich auch der äquivalente normierte Zustand befindet.

Der *Teilchen-Spin* ist der einzig relevante Parameter in der *Quanteninformationstheorie*, denn der *Spin* lässt sich identifizieren mit dem *Bit* $b \in \mathbb{B} := \{0, 1\}$, der klassischen Informationseinheit. Die Identifikation erfolgt beispielsweise durch *Spin-up* ($\uparrow$) als 1 (Bit gesetzt) und

Spin-down ($\downarrow$) als 0 (Bit nicht gesetzt). Der Spin ist unabhängig von den anderen Parametern. Zerlegt man nun die Wellenfunktion in zwei Wellenfunktionen, die vektoriell wieder zu

$$\psi(x) = \begin{pmatrix} \psi_\uparrow(x) \\ \psi_\downarrow(x) \end{pmatrix} \tag{1.6}$$

zusammengefasst werden, so spricht man von der *Spinor-Wellenfunktion*. Diese hat dann entsprechend eine Spin-up- und eine Spin-down-Komponente. Wendet man nun die bisherigen Überlegungen auf die Spinor-Wellenfunktion an, so erhält man das erste *Postulat* zur Beschreibung des physikalischen Systems.

Postulat 1 *Physikalischer Zustandsraum*

Der Spin-Zustand eines physikalischen Systems wird durch eine quadratintegrierbare *Spinor-Wellenfunktion*

$$\psi: \ \mathbb{R}^k \to \mathbb{C}^2, \quad \psi(x) = \begin{pmatrix} \psi_\uparrow(x) \\ \psi_\downarrow(x) \end{pmatrix},$$

im *Hilbertraum* $L^2(\mathbb{R}^k) \times L^2(\mathbb{R}^k)$ über $\mathbb{C}$ in Abhängigkeit des Parameters $x \in \mathbb{R}^k$ charakterisiert. Zudem soll die Normierungsbedingung

$$\int_{\mathbb{R}^k} \|\psi(x)\|^2 \, d^k x := \int_{\mathbb{R}^k} |\psi_\uparrow(x)|^2 \, d^k x + \int_{\mathbb{R}^k} |\psi_\downarrow(x)|^2 \, d^k x := 1 \tag{1.7}$$

gelten.

(1.7) ist natürlich die Übertragung der Normierungsbedingung (1.5) der Kopenhagener Deutung. Damit kann die Beobachtung des Spin-Zustands eines Teilchens als Zufallsexperiment mit dem Wahrscheinlichkeitsraum[3]

$$(\{\uparrow, \downarrow\}, \ \{\{\emptyset\}, \{\uparrow, \downarrow\}, \{\uparrow\}, \{\downarrow\}\}, \ P) \tag{1.8}$$

angesehen werden. Beobachtet man nun ein Teilchen, so ist die Wahrscheinlichkeit für einen Spin-up durch

$$P(\uparrow) = \int_{\mathbb{R}^k} |\psi_\uparrow(x)|^2 \, d^k x$$

gegeben, dem ersten Summanden von Gleichung (1.7). Analog wird die Wahrscheinlichkeit für ein Spin-down-Teilchen bestimmt. Im Unterschied zur klassischen Informationseinheit *Bit*, welches entweder gesetzt ist oder nicht, ist der Spin-Zustand wahrscheinlichkeitsbehaftet.

Da die möglichen Zustände eines Spin-Teilchens somit nur vom zweidimensionalen Funktionswert der Spinor-Wellenfunktion abhängen, lässt sich die Zustandsbeschreibung vom bisherigen

---

[3]Eine Einführung in die Wahrscheinlichkeitstheorie findet sich in Abschnitt 2.4.

Hilbertraum $L^2(\mathbb{R}^k) \times L^2(\mathbb{R}^k)$ reduzieren auf die Vektoren in einem zweidimensionalen Hilbertraum $\mathcal{H}$, der als *Zustandsraum* des Spin-Teilchens bezeichnet wird. In dieser vereinfachten vektoriellen Darstellung beschreiben die (normierten) Vektoren aus $\mathcal{H}$ die Spin-Zustände.

Im Hilbertraum $\mathcal{H}$ sei nun eine spezielle Orthonormalbasis

$$B = \{v_1, v_2\}, \quad v_1, v_2 \in \mathcal{H}$$

ausgezeichnet. Zu jedem Zustand $\psi \in \mathcal{H}$ gibt es dann eine eindeutige Darstellung

$$\psi = \lambda_1 \cdot v_1 + \lambda_2 \cdot v_2 \quad \text{mit } \lambda_1, \lambda_2 \in \mathbb{C}. \tag{1.9}$$

Wird die Normierungsbedingung $\|\psi\|_2 = 1$ gefordert, so folgt

$$|\lambda_1|^2 + |\lambda_2|^2 = 1. \tag{1.10}$$

Durch die Darstellung (1.9) und (1.10) wird Postulat 1 auf der vorherigen Seite in der reduzierten Form erfüllt. Die vektorielle Sichtweise erlaubt die vereinfachte Beschreibung der Spin-Wahrscheinlichkeiten als

$$P(\uparrow) = |\lambda_1|^2, \quad P(\downarrow) = |\lambda_2|^2.$$

Das in Abschnitt 2.3 auf Seite 30 definierte *Tensorprodukt* erlaubt die Erweiterung auf eine beliebige Anzahl n von Spin-Teilchen, deren Zustände beschrieben werden als Vektoren aus

$$\mathcal{H}^{\otimes n} = \bigotimes_{i=1}^{n} \mathcal{H}.$$

Dabei ist $\mathcal{H}^{\otimes n}$ ein *Hilbertraum* der Dimension 2^n über $\mathbb{C}$. Jeder Zustand ψ aus $\mathcal{H}^{\otimes n}$ kann geschrieben werden als

$$\psi = \sum_{i_1=1}^{2} \cdots \sum_{i_n=1}^{2} \lambda_{i_1 \ldots i_n} \cdot v_{i_1} \otimes \ldots \otimes v_{i_n}.$$

In Definition 3.1 auf Seite 65 und Definition 3.5 auf Seite 68 werden diese Folgerungen aus Postulat 1 auf der vorherigen Seite noch einmal präzise formuliert.

1.3   Observablen

Als *Observablen* bezeichnet man die Messgrößen eines physikalischen Systems, die zu einem festen Zeitpunkt und während eines bestimmten Zustandes gemessen werden können. In der Quantenmechanik sind Observablen im Allgemeinen Mengen von linearen Operatoren, die auf den Wellenfunktionen bzw. auf den Zuständen in vektorieller Darstellung wirken. Die möglichen Messwerte einer Observablen ergeben sich gemäß einer Wahrscheinlichkeitsverteilung. Eine Messung verändert das System dahingehend, dass es in einen neuen Zustand übergeht, der zum jeweiligen Messoperator gehört. Man bezeichnet das als *Zustandsreduktion* des Systems.

Postulat 2   *Messung*

Es sei durch $\{M_0, \ldots, M_{m-1}\}$ eine Menge von Operatoren gegeben, die die Eigenschaft besitzen

$$\sum_{j=0}^{m-1} M_j^* M_j = I,$$

wobei I die identische Abbildung ist und M_j^* der zu M_j adjungierte Operator. Ist das Quantensystem vor der Messung im Zustand ψ, so ist die Wahrscheinlichkeit für das Ergebnis j gegeben durch

$$p_j := \|M_j \psi\|^2, \quad j = 0, \ldots, m-1.$$

Nach der Messung mit einem Messergebnis j befindet sich das System im Zustand

$$\frac{1}{\sqrt{p_j}} M_j \psi.$$

In Abschnitt 3.2.3 wird dieses Postulat mathematisch vollständig ausformuliert.

Sind M_j Projektoren, also

$$M_j^* = M_j \quad \text{und} \quad M_j^2 = M_j,$$

und projizieren sie auf je orthogonale Untervektorräume, so lässt sich die Menge der Operatoren zu einem einzelnen hermiteschen Operator A zusammenfassen, der dann *Observable* genannt wird:

$$A := \sum_{j=0}^{m-1} j \cdot M_j^* M_j = \sum_{j=1}^{m-1} j \cdot M_j$$

In diesem wichtigen Spezialfall sind die Messergebnisse die Eigenwerte $0, \ldots, m-1$ von A und das System befindet sich nach der Messung in einem Eigenzustand bezüglich A.

1.4 Zeitliche Dynamik des Systems

Stellt man die Frage nach der Bestimmung der rein zeitlichen Entwicklung eines quantenmechanischen Systems, gibt erneut die Schrödinger-Gleichung (1.1) Auskunft:

$$i \cdot \hbar \cdot \frac{\partial \psi(t)}{\partial t} = H \cdot \psi(t). \tag{1.11}$$

Da der Hamilton-Operator den Energie-Operator des gegebenen Problems darstellt (hier: nichtrelativistisches Korpuskel der Masse m, welches sich mit dem Impuls p im Potential $W_{\text{pot}}(\vec{r}, t)$ bewegt), folgt in mathematischer Konsequenz, dass H hermitesch mit reellen Eigenwerten ist, die die Observablen des Systems darstellen. Außerdem gilt, dass die Gesamtenergie des Systems eine zeitliche Erhaltungsgröße ist, womit folgt:

$$\frac{\partial H}{\partial t} = 0. \tag{1.12}$$

Damit lässt sich nun die Zeitentwicklung eines quantenmechanischen Systems folgendermaßen beschreiben: Zum Zeitpunkt $t = 0$ befindet sich das System in einem definierten Anfangszustand $\psi(0) = \psi_0$. Somit hat die Schrödinger-Gleichung (1.11) unter Berücksichtigung von (1.12) die Lösung

$$\psi(t) = \exp\left(-\frac{i \cdot H \cdot t}{\hbar}\right) \cdot \psi_0 = U(t) \cdot \psi_0. \tag{1.13}$$

$U(t)$ nennt man den *Zeitentwicklungsoperator* des Systems. Damit folgt für H die gruppentheoretische Interpretation als „Propagator der Zeitentwicklung". Ist H in (1.11) selbstadjungiert, so ist der *Zeitentwicklungsoperator* $U(t)$ des Systems zu jedem Zeitpunkt *unitär*, siehe Abschnitt 3.3 auf Seite 83.

Es ergibt sich hieraus das dritte Postulat der Quantenmechanik.

Postulat 3   *Zeitentwicklung des physikalischen Systems*

Die zeitabhängige Entwicklung der Zustände eines physikalischen Systems wird durch die zeitabhängige *Schrödinger-Gleichung*

$$i \cdot \hbar \cdot \frac{\partial \psi(t)}{\partial t} = H \cdot \psi(t) \tag{1.14}$$

beschrieben. Der bei einem selbstadjungierten und zeitunabhängigen Hamiltonoperator resultierende *Zeitentwicklungsoperator*

$$U(t) = \exp\left(-\frac{i \cdot H \cdot t}{\hbar}\right) \tag{1.15}$$

ist unitär.

1.5 Quantenmechanik und Quantum Computation

Eine Konsequenz der Kopenhagener Deutung der Quantenmechanik ist, dass der Zustand eines quantenmechanischen Systems als Superposition von Basiszuständen begriffen wird. Damit verbunden ist eine Wahrscheinlichkeitsverteilung, die angibt, mit welcher Wahrscheinlichkeit das quantenmechanische System in einen dieser Basiszustände fällt, wenn man den Systemzustand durch eine Messung bestimmt. Die Wahrscheinlichkeit, dass bei einer Messung ein bestimmter Systemzustand gemessen wird, ist dabei durch das Betragsquadrat der Wellenfunktion bezüglich dieses Zustandes gegeben. Allerdings verändert die Zeitentwicklung des Systems nach einer solchen Messung den Zustand des Systems wieder, so dass (mit Ausnahme von Wahrscheinlichkeitsaussagen) nichts über den Systemfolgezustand ausgesagt werden kann. Dazu ist eine erneute Messung nötig, um das System wieder in einen der möglichen Basiszustände zu werfen.

Ein einfaches Beispiel ist der Spin eines Teilchens, z.B. eines Elektrons. Die möglichen Basiszustände sind „Spin-up" und „Spin-down". Über ein „ungemessenes" Teilchen mit Spin lässt sich also nur sagen, dass es einen Spin besitzt und dass man bei einer Messung den Zustand „Spin-up" bzw. „Spin-down" nur mit einer bestimmten Wahrscheinlichkeit $P(\uparrow)$ bzw. $P(\downarrow) = 1 - P(\uparrow)$ messen wird. In welchem konkreten Spin-Zustand sich das „ungemessene" Teilchen befindet, lässt sich also nicht sagen. Damit lässt sich verknappt nur formulieren:

- Vor der Messung:

$$\psi = \lambda_1 \cdot \uparrow + \lambda_2 \cdot \downarrow, \quad P(\uparrow) = |\lambda_1|^2, \ P(\downarrow) = |\lambda_2|^2.$$

- Nach der Messung:

$$P(\uparrow) = 1, \ P(\downarrow) = 0 \quad \text{oder} \quad P(\uparrow) = 0, \ P(\downarrow) = 1.$$

Nach der Messung bewirkt die zeitliche Entwicklung des Systems wieder eine Veränderung der durch die Messung bestimmten Wahrscheinlichkeitsverteilung.

Aus diesem physikalischen Sachverhalt wurde die Idee des Quantum Computation basierend auf q-Bits geboren: Quantum Computation bedeutet die Durchführung von Algorithmen auf Systemen, deren Zustände Superpositionen von Basiszuständen sind und deren zeitliche Entwicklungen sich durch (unitäre) Operatoren darstellen lassen. Die Systemzustände sind mit Wahrscheinlichkeitsverteilungen verknüpft, die die Wahrscheinlichkeiten dafür angeben, dass eine Auswertung (Messung) der Systemzustände bestimmte Basiszustände ergeben.

2 Mathematische Grundlagen und Notationen

Die folgende Zusammenstellung der benötigten mathematischen Grundlagen kann je nach Vorwissen selektiv gelesen werden bzw. dient als Referenz für die im Späteren verwendeten Notationen. Um dieses Kapitel knapp zu halten, wird auf Beweise in der Regel verzichtet und jeweils auf die Literatur verwiesen.

Für den ersten Abschnitt 2.1 gilt dies im Besonderen, da die Theorie der Vektorräume Teil jedes naturwissenschaftlichen und ingenieurwissenschaftlichen Studiengangs sein sollte. Eine Vertiefung findet statt mit dem nachfolgenden Abschnitt 2.2, in dem u.a. das benötigte Skalarprodukt eingeführt ist, welches als in der zweiten Komponente[1] linear definiert wird. Damit werden Hilberträume definiert und die für die Quantenalgorithmen wichtigen Operatoren auf Hilberträumen.

Die in der Physik und bei den Quantenalgorithmen oft gebrauchte Tensorrechnung wird in anderen Fächern selten oder nur nebenbei betrachtet. Im Abschnitt 2.3 wird das Tensorprodukt elementar eingeführt, d.h. es wird über einen konstruktiven Ansatz definiert anstatt als Element eines gewissen Faktorraums, um die Verständlichkeit zu erhöhen.

Bei der Messung eines Quantenzustands handelt es sich um einen stochastischen Vorgang. Die benötigten Werkzeuge aus der Wahrscheinlichkeitstheorie werden in Abschnitt 2.4 bereitgestellt.

2.1   Vektoren und Vektorräume

2.1.1   Gruppe, Ring, Körper

Definition 2.1:   *Gruppe*

Es sei G eine Menge mit einer *inneren Verknüpfung* $\circ$. Das Paar $(G, \circ)$ heißt eine *Gruppe*, wenn die folgenden Eigenschaften gelten:

(i) In $(G, \circ)$ gilt das *assoziative Gesetz*, d.h. für alle $a, b, c \in G$ gilt

$$a \circ (b \circ c) = (a \circ b) \circ c.$$

---

[1] In vielen Mathematik-Lehrbüchern wird es als in der ersten Komponente linear festgelegt, aber für die Anwendung erweist sich die zweite Komponente als schreibfreundlicher und wird daher in der Physik gern so gebraucht.

(ii) Es existiert ein *neutrales Element* $e \in G$, d.h. für alle $a \in G$ gilt

$$a \circ e = e \circ a = a.$$

(iii) Zu jedem Element $a \in G$ existiert ein *inverses Element* $a^{-1} \in \mathbb{G}$ mit

$$a \circ a^{-1} = a^{-1} \circ a = e.$$

Gilt außerdem das *kommutative Gesetz*, d.h. wenn für alle $a, b \in G$ gilt

$$a \circ b = b \circ a,$$

so heißt $(G, \circ)$ eine *kommutative Gruppe* oder eine *abelsche Gruppe*[2].

$(\mathbb{Z}, +)$ ist damit eine kommutative Gruppe, wobei gilt:

- Das neutrale Element ist die Zahl 0, da $a + 0 = 0 + a = a$.

- Zu jedem $a \in \mathbb{Z}$ ist $-a$ das jeweilige inverse Element, welches in der Gruppendefinition mit a^{-1} bezeichnet wurde.

$(\mathbb{Z}, +)$ ist der „Urtyp" der Gruppen.

Gruppen müssen nicht unendlich groß sein und auch nicht unbedingt kommutativ, wie das folgende Beispiel illustriert.

Beispiel 1

Wir betrachten drei nummerierte Sitzplätze und die Menge $V = \{v_1, \ldots, v_6\}$ aller sechs möglichen Vertauschungen dieser Sitzplätze. Diese Vertauschungen seien

$$v_1 = \text{"}1 \to 1,\ 2 \to 2,\ 3 \to 3\text{"},$$
$$v_2 = \text{"}1 \to 1,\ 2 \to 3,\ 3 \to 2\text{"},$$
$$v_3 = \text{"}1 \to 2,\ 2 \to 1,\ 3 \to 3\text{"},$$
$$v_4 = \text{"}1 \to 2,\ 2 \to 3,\ 3 \to 1\text{"},$$
$$v_5 = \text{"}1 \to 3,\ 2 \to 1,\ 3 \to 2\text{"},$$
$$v_6 = \text{"}1 \to 3,\ 2 \to 2,\ 3 \to 1\text{"}.$$

Die Hintereinanderausführung $u \circ v$ von zwei Vertauschungen $u, v \in V$, wobei erst v und dann u durchgeführt wird, ergibt wieder eine Vertauschung der drei Plätze. Also ist $\circ$ eine innere Verknüpfung. In $(V, \circ)$ gilt das assoziative Gesetz[3]. v_1 ist das neutrale Element, denn

$$v_1 \circ v_j = v_j \circ v_1 = v_j, \quad \text{für alle } j = 1, \ldots, 6.$$

---

[2]nach N. H. Abel (1802–1829)
[3]Nachweis: Fleißaufgabe!

Die inversen Elemente ergeben sich durch die Umkehrung der Vertauschung, also

$$v_1^{-1} = v_1, \quad v_2^{-1} = v_2, \quad v_3^{-1} = v_3, \quad v_4^{-1} = v_5, \quad v_5^{-1} = v_4, \quad v_6^{-1} = v_6.$$

Damit ist $(V, \circ)$ eine Gruppe. Diese Gruppe ist aber nicht kommutativ, denn es gilt:

$$v_2 \circ v_3 = "1 \to 3,\ 2 \to 1,\ 3 \to 2" = v_5,$$
$$v_3 \circ v_2 = "1 \to 2,\ 2 \to 3,\ 3 \to 1" = v_4 \neq v_2 \circ v_3$$

In der *Gruppentheorie* [12, 15] werden Gruppenstrukturen untersucht und charakterisiert. Anwendungen finden sich u.a. in der Quantenphysik.

Nimmt man nun noch eine zweite Verknüpfung hinzu, erhalten wir die algebraische Struktur eines Ringes.

Definition 2.2:   *Ring*

Es sei R eine Menge mit zwei inneren Verknüpfungen $+$ und $\cdot$. Das Tripel $(R, +, \cdot)$ heißt ein *Ring*, wenn die folgenden Eigenschaften gelten:

(i) $(R, +)$ ist eine kommutative Gruppe.

(ii) In R gilt das *assoziative Gesetz* bezüglich $\cdot$, d.h. für alle $a, b, c \in R$ gilt

$$a \cdot (b \cdot c) = (a \cdot b) \cdot c.$$

(iii) Es gilt das *distributive Gesetz* der Verknüpfung $\cdot$ bezüglich der Verknüpfung $+$, d.h. für alle $a, b, c \in R$ gilt

$$a \cdot (b + c) = (a \cdot b) + (a \cdot c),$$
$$(b + c) \cdot a = (b \cdot a) + (c \cdot a).$$

Gilt außerdem das *kommutative Gesetz* bezüglich der Verknüpfung $\cdot$, so heißt $(R, +, \cdot)$ ein *kommutativer Ring*.
Das neutrale Element bezüglich der Verknüpfung $+$ wird *Nullelement* genannt.
Besitzt der Ring auch ein neutrales Element bezüglich der Verknüpfung $\cdot$, so nennt man es *Einselement* und spricht von einem *Ring mit Einselement*.

$(\mathbb{Z}, +, \cdot)$ ist damit ein kommutativer Ring mit Einselement, wie man sofort aus der Definition ersieht. Das Nullelement ist natürlich die Null und das Einselement ist die Eins.

Damit haben wir zum einen alle Eigenschaften der Grundrechenarten auf der Menge der ganzen Zahlen festgehalten, zum anderen können wir künftig die Eigenschaften einer Menge mit ihren Verknüpfungen beschreiben, indem wir sie als „Gruppe" oder „Ring" nachweisen.

Definition 2.3: *Körper*

Es sei $\mathbb{K}$ eine Menge mit zwei inneren Verknüpfungen $+$ und $\cdot$. Das Tripel $(\mathbb{K}, +, \cdot)$ heißt ein *Körper*, wenn die folgenden Eigenschaften gelten:

(i) $(\mathbb{K}, +)$ ist eine kommutative Gruppe, d.h.

(K1) In $(\mathbb{K}, +)$ gilt das *assoziative Gesetz*, d.h. für alle $a, b, c \in \mathbb{K}$ gilt

$$a + (b + c) = (a + b) + c.$$

(K2) Es existiert ein *Nullelement* $0 \in \mathbb{K}$, d.h. für alle $a \in \mathbb{K}$ gilt

$$a + 0 = 0 + a = a.$$

(K3) Zu jedem Element $a \in \mathbb{K}$ existiert ein *inverses Element* $-a \in \mathbb{K}$ mit

$$a + (-a) = (-a) + a = 0, \qquad \text{Abkürzung: } a - a = -a + a = 0.$$

(K4) In $(\mathbb{K}, +)$ gilt das *kommutative Gesetz*, d.h. für alle $a, b \in \mathbb{K}$ gilt

$$a + b = b + a.$$

(ii) $(\mathbb{K} \setminus \{0\}, \cdot)$ ist eine kommutative Gruppe, d.h.

(K5) In $(\mathbb{K} \setminus \{0\}, \cdot)$ gilt das *assoziative Gesetz*, d.h. für alle $a, b, c \in \mathbb{K} \setminus \{0\}$ gilt

$$a \cdot (b \cdot c) = (a \cdot b) \cdot c.$$

(K6) Es existiert ein *Einselement* $1 \in \mathbb{K}$, d.h. für alle $a \in \mathbb{K} \setminus \{0\}$ gilt

$$a \cdot 1 = 1 \cdot a = a.$$

(K7) Zu jedem Element $a \in \mathbb{K} \setminus \{0\}$ existiert ein *inverses Element* $a^{-1} \in \mathbb{K} \setminus \{0\}$ mit

$$a \cdot a^{-1} = a^{-1} \cdot a = 1.$$

(K8) In $(\mathbb{K} \setminus \{0\}, \cdot)$ gilt das *kommutative Gesetz*, d.h. für alle $a, b \in \mathbb{K}$ gilt

$$a \cdot b = b \cdot a.$$

(iii) Es gilt das *distributive Gesetz* der Verknüpfung $\cdot$ bezüglich der Verknüpfung $+$.

(K9) Für alle $a, b, c \in \mathbb{K}$ gilt $\quad a \cdot (b + c) = (a \cdot b) + (a \cdot c)$.

(K10) Für alle $a, b, c \in \mathbb{K}$ gilt $\quad (b + c) \cdot a = (b \cdot a) + (c \cdot a)$.

Sind bei einem Körper $(\mathbb{K}, +, \cdot)$ die Verknüpfungen aus dem Kontext heraus klar, so wird auch $\mathbb{K}$ als Bezeichnung für den Körper verwendet.

In der obigen Definition haben wir alle Recheneigenschaften der rationalen Zahlen versammelt, d.h. $(\mathbb{Q}, +, \cdot)$ ist der Körper der rationalen Zahlen; abgekürzt nur $\mathbb{Q}$ genannt.

Beispiel 2

In der digitalen Nachrichtentechnik spielt der *binäre Körper* $(\mathbb{B}, \oplus, \odot)$ eine große Rolle. $\mathbb{B} := \{0, 1\}$ ist der kleinste Körper und besteht nur aus seinen beiden neutralen Elementen. Die beiden inneren Verknüpfungen sind wie folgt definiert:

$$1 \oplus 1 = 0, \qquad\qquad 1 \odot 1 = 1,$$
$$1 \oplus 0 = 1, \qquad\qquad 1 \odot 0 = 0,$$
$$0 \oplus 1 = 1, \qquad\qquad 0 \odot 1 = 0,$$
$$0 \oplus 0 = 0, \qquad\qquad 0 \odot 0 = 0.$$

Es lassen sich weitere endliche Körper mit p^m Elementen konstruieren, wobei p eine Primzahl ist, die *Galoiskörper*[4] oder *Galoisfelder* genannt werden. Sie werden z.B. in der *Kryptologie* zur Erzeugung von *Schlüsseln* verwendet und dienen als Grundlage für symbolbasierte Codes in der Kanalcodierung; am bekanntesten sind die *Reed-Solomon-Codes*.

2.1.2 Vektorraum

Für Verschiebungsvektoren aus geometrienahen Anwendungen sind eine Reihe von Gesetzmäßigkeiten bekannt, etwa die Gruppeneigenschaft bezüglich der Addition oder die Gesetze zur Multiplikation mit Skalaren aus $\mathbb{R}$.

Nun definieren wir eine Menge mit Verknüpfungen, die diesen Gesetzen folgen, als Vektorraum. Statt $\mathbb{R}$ könnte man auch einen anderen Körper wie $\mathbb{Q}$ oder $\mathbb{C}$ für die Skalare verwenden; in der Definition halten wir dies offen.

Definition 2.4: *Vektorraum*

Es sei $(\mathbb{K}, +, \cdot)$ ein Körper und V eine Menge mit einer inneren Verknüpfung „+" zwischen Elementen aus V und einer äußeren Verknüpfung „$\cdot$", die für jedes $\alpha \in \mathbb{K}$ und jedes $v \in V$ ein Element $\alpha \cdot v = \alpha v \in V$ definiert.
Ein Element $v \in V$ heißt ein *Vektor*, ein Element $\alpha \in \mathbb{K}$ heißt ein *Skalar*, und V heißt ein *Vektorraum* über dem Körper $\mathbb{K}$ bzw. ein $\mathbb{K}$-*Vektorraum*, wenn die folgenden Eigenschaften gelten:

  (i) $(V, +)$ ist eine kommutative Gruppe, d.h.

    (V1) In $(V, +)$ gilt das *assoziative Gesetz*, d.h. für alle $u, v, w \in V$ gilt

$$u + (v + w) = (u + v) + w.$$

    (V2) Es existiert ein *Nullvektor* $0 \in V$, d.h. für alle $v \in V$ gilt

$$v + 0 = 0 + v = v.$$

---

[4]Nach Evariste Galois (1811–1832).

(V3) Zu jedem *Vektor* $v \in V$ existiert ein *negativer Vektor* $-v \in V$ mit

$$v + (-v) = (-v) + v = 0, \qquad \text{Abkürzung: } v - v = -v + v = 0.$$

(V4) In $(V, +)$ gilt das *kommutative Gesetz*, d.h. für alle $u, v \in V$ gilt

$$u + v = v + u.$$

(ii) Es gelten die folgenden Gesetze für die Multiplikation von Skalaren mit Vektoren:

(V5) Für alle $\alpha, \beta \in \mathbb{K}$ und alle $v \in V$ gilt

$$(\alpha \cdot \beta) \cdot v = \alpha \cdot (\beta \cdot v).$$

(V6) Für alle $\alpha, \beta \in \mathbb{K}$ und alle $v \in V$ gilt

$$(\alpha + \beta) \cdot v = \alpha \cdot v + \beta \cdot v.$$

(V7) Für alle $\alpha \in \mathbb{K}$ und alle $u, v \in V$ gilt

$$\alpha \cdot (u + v) = \alpha \cdot u + \alpha \cdot v.$$

(V8) Für alle $v \in V$ gilt

$$1 \cdot v = v.$$

Statt $\mathbb{R}$-Vektorraum sagt man auch reeller Vektorraum, statt $\mathbb{C}$-Vektorraum sagt man auch komplexer Vektorraum.

Zur Vereinfachung der Schreibweise haben wir $+$ sowohl für die Addition zwischen Skalaren als auch zwischen Vektoren verwendet. Ebenso wurde $\cdot$ für die Multiplikation zwischen Skalaren und zwischen Skalar und Vektor verwendet. Für den Nullvektor und das Nullelement des Körpers haben wir jeweils das Zeichen 0 verwendet; bei der „Pfeilschreibweise" würde man $\vec{0}$ und 0 verwenden.

Merke: Jede Menge mit Verknüpfungen, die die Eigenschaften von Definition 2.4 auf der vorherigen Seite erfüllen, ist ein Vektorraum! Es muss keinen geometrischen oder physikalischen Bezug für Vektorräume geben.

Zu den einfachsten und grundlegendsten Vektorräumen gehören die Räume der n-Tupel.

Satz und Definition 2.5 *Vektorraum $\mathbb{K}^n$*

Für einen Körper $\mathbb{K}$ und $n \in \mathbb{N}$ ist die Menge aller reellen n-Tupel das n-fache kartesische Produkt

$$\mathbb{K}^n := \underbrace{\mathbb{K} \times \ldots \times \mathbb{K}}_{n\text{-fach}}.$$

Für die Elemente $u \in \mathbb{K}^n$ sei die Spaltenschreibweise

$$u = \begin{pmatrix} u_1 \\ \vdots \\ u_n \end{pmatrix} \quad \text{mit } u_1, \ldots, u_n \in \mathbb{K}$$

vereinbart. Bezüglich der Addition

$$\begin{pmatrix} u_1 \\ \vdots \\ u_n \end{pmatrix} + \begin{pmatrix} v_1 \\ \vdots \\ v_n \end{pmatrix} := \begin{pmatrix} u_1 + v_1 \\ \vdots \\ u_n + v_n \end{pmatrix} \quad \text{für alle } u_1, \ldots, u_n, v_1, \ldots, v_n \in \mathbb{K}$$

und der Vervielfachung

$$\alpha \cdot \begin{pmatrix} u_1 \\ \vdots \\ u_n \end{pmatrix} := \begin{pmatrix} \alpha u_1 \\ \vdots \\ \alpha u_n \end{pmatrix} \quad \text{für alle } \alpha, u_1, \ldots, u_n \in \mathbb{K}$$

ist $\mathbb{K}^n$ ein $\mathbb{K}$-Vektorraum.

Beweis. Der Beweis folgt elementar aus den Körper-Eigenschaften, siehe Definition 2.3 auf Seite 12, mit denen die nachzuweisenden Vektorraum-Eigenschaften gelten. $\qquad \square$

- Der Nullvektor im $\mathbb{K}^n$ ist gegeben durch

$$\begin{pmatrix} 0 \\ \vdots \\ 0 \end{pmatrix}.$$

- Die Spaltenschreibweise für die n-Tupel aus $\mathbb{K}^n$ ist vereinbart, da diese Vektoren später in der Matrizenrechnung verwendet werden und selbst Spezialfälle von Matrizen sind. Durch Verwendung des *Transponierungszeichen*s $\top$ kann man die Spalten auch platzsparend als Zeile schreiben:

$$(u_1, \ldots, u_n)^\top := \begin{pmatrix} u_1 \\ \vdots \\ u_n \end{pmatrix}.$$

- Ist $n = 1$, so entspricht $\mathbb{R}^1$ dem Körper $\mathbb{R}$ selbst. Daher ist $\mathbb{R}$ selbst der einfachste reelle Vektorraum.

Beispiel 3

Im $\mathbb{R}^4$ gilt:

$$\begin{pmatrix} 1 \\ 2 \\ 3 \\ 4 \end{pmatrix} + \begin{pmatrix} 4 \\ 5 \\ 6 \\ 7 \end{pmatrix} = \begin{pmatrix} 5 \\ 7 \\ 9 \\ 11 \end{pmatrix}, \quad \begin{pmatrix} 1 \\ 2 \\ 3 \\ 4 \end{pmatrix} - \begin{pmatrix} 1 \\ 1 \\ 6 \\ -2 \end{pmatrix} = \begin{pmatrix} 0 \\ 1 \\ -3 \\ 6 \end{pmatrix}, \quad \frac{1}{2} \begin{pmatrix} 1 \\ 2 \\ 3 \\ 4 \end{pmatrix} = \begin{pmatrix} \frac{1}{2} \\ 1 \\ \frac{3}{2} \\ 2 \end{pmatrix}.$$

Es gibt eine Vielzahl weiterer Vektorräume:

- Vektorraum der Matrizen

- Vektorraum der stetig differenzierbaren Funktionen

- Vektorraum der Polynome

- ...

2.1.3 Untervektorräume

Satz und Definition 2.6 *Untervektorraum*

Sei V ein $\mathbb{K}$-Vektorraum. Eine Teilmenge $U \subseteq V$ heißt *Untervektorraum* von V, wenn $U \neq \emptyset$ und wenn für alle $u, v \in U$ und alle $\alpha \in \mathbb{K}$ gilt:

$$u + v \in U, \qquad \alpha u \in U.$$

Ein Untervektorraum U von V ist zusammen mit der durch V gegebenen Addition und Skalarmultiplikation selbst ein $\mathbb{K}$-Vektorraum.

Beweis. [10] □

Satz und Definition 2.7 *Linearkombination, lineare Hülle*

Sei V ein $\mathbb{K}$-Vektorraum. Sind $v_1, \ldots, v_n \in V$ und $\alpha_1, \ldots, \alpha_n \in \mathbb{K}$, so nennt man

$$\sum_{i=1}^{n} \alpha_i v_i = \alpha_1 v_1 + \ldots + \alpha_n v_n \in V$$

eine *Linearkombination* der Vektoren $v_1, \ldots, v_n$ und $\alpha_1, \ldots, \alpha_n$ heißen die Koeffizienten der Linearkombination.
Die Menge aller Linearkombinationen der Vektoren $v_1, \ldots, v_n$

$$\operatorname{span}\{v_1, \ldots, v_n\} := \left\{ v \in V \,\middle|\, v = \sum_{j=1}^{n} \alpha_j v_j, \text{ mit } \alpha_j \in \mathbb{K} \right\} \subseteq V$$

heißt *lineare Hülle* von $v_1, \ldots, v_n$. Die lineare Hülle ist der von $v_1, \ldots, v_n$ aufgespannte *Untervektorraum* von V und damit selbst ein $\mathbb{K}$-Vektorraum.

Beweis. Die Summe zweier Linearkombinationen ist wieder eine Linearkombination:

$$\sum_{i=1}^{n} \alpha_i v_i + \sum_{i=1}^{n} \beta_i v_i = \sum_{i=1}^{n} (\alpha_i + \beta_i) v_i \in \operatorname{span}\{v_1, \ldots, v_n\}.$$

Das λ-fache einer Linearkombination ist wieder eine Linearkombination:

$$\lambda \cdot \sum_{i=1}^{n} \alpha_i v_i = \sum_{i=1}^{n} (\lambda \alpha_i) v_i \in \operatorname{span}\{v_1, \ldots, v_n\}.$$

Nach Satz und Definition 2.6 ist die lineare Hülle damit ein Untervektorraum. $\qquad\square$

Beispiel 4

Ist $V = \mathbb{R}^3$, so ist

$$\operatorname{span}\left\{ \begin{pmatrix} 2 \\ 3 \\ 0 \end{pmatrix} \right\} = \left\{ \begin{pmatrix} 2\lambda \\ 3\lambda \\ 0 \end{pmatrix} \in \mathbb{R}^3 \,\middle|\, \lambda \in \mathbb{R} \right\}$$

ein Untervektorraum von $\mathbb{R}^3$. Geometrisch interpretiert handelt es sich dabei um eine Gerade im dreidimensionalen Raum durch den Nullpunkt.

2.1.4   Lineare Unabhängigkeit

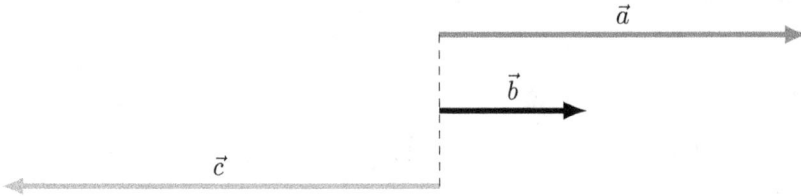

Abbildung 2.1: *Kollineare Vektoren*

- Betrachtet man Verschiebungsvektoren, deren Repräsentanten parallel zueinander sind, wie in Abbildung 2.1, so bezeichnet man sie als *kollineare Vektoren* (zu einer Geraden gehörend). Zwei zueinander kollineare Vektoren $\vec{a}$ und $\vec{b}$ können somit durch Multiplikation mit einem Skalar ineinander übergeführt werden, also $\vec{b} = \mu\vec{a}$ mit $\mu \in \mathbb{R}$; oder allgemeiner formuliert

$$\lambda_1\vec{a} + \lambda_2\vec{b} = \vec{0} \quad \text{mit } \lambda_1, \lambda_2 \in \mathbb{R} \setminus \{0\}.$$

Findet man aber keine Linearkombination dieser Art, d.h. wenn $\lambda_1 = \lambda_2 = 0$ sein muss, damit $\vec{0}$ erzeugt werden kann, dann sind $\vec{a}$ und $\vec{b}$ nicht kollinear und werden linear unabhängig genannt.

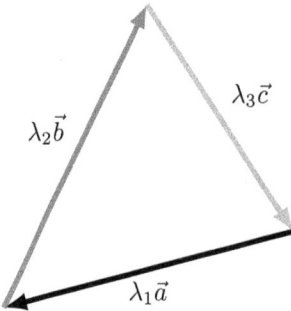

Abbildung 2.2: *Komplanare Vektoren*

- Betrachtet man Verschiebungsvektoren $\vec{a}$, $\vec{b}$ und $\vec{c}$, deren Repräsentanten nach geeigneter Streckung wie in Abbildung 2.2 ein Dreieck als geschlossene Vektorkette bilden, so bezeichnet man sie als *komplanare Vektoren* (zu einer Ebene gehörend). Es gilt also dann

$$\lambda_1\vec{a} + \lambda_2\vec{b} + \lambda_3\vec{c} = \vec{0} \quad \text{mit } \lambda_1, \lambda_2, \lambda_3 \in \mathbb{R} \text{ und nicht alle } \lambda_i \text{ sind Null.}$$

Findet man aber keine Linearkombination dieser Art, d.h. wenn $\lambda_1 = \lambda_2 = \lambda_3 = 0$ sein muss, damit $\vec{0}$ erzeugt werden kann, dann sind $\vec{a}$, $\vec{b}$ und $\vec{c}$ nicht komplanar und werden linear unabhängig genannt.

Dieser Begriff der linearen Unabhängigkeit lässt sich für beliebige Vektorräume formulieren.

Definition 2.8:   *Lineare Unabhängigkeit*

Sei V ein $\mathbb{K}$-Vektorraum. Endlich viele Vektoren $v_1, \ldots, v_n \in V$ heißen *linear unabhängig*, wenn eine Linearkombination von $v_1, \ldots, v_n$ nur dann Null sein kann, wenn alle Koeffizienten der Linearkombination Null sind (*triviale Linearkombination*), d.h. wenn aus

$$\alpha_1 v_1 + \ldots + \alpha_n v_n = 0$$

stets folgt, dass

$$\alpha_1 = \ldots = \alpha_n = 0.$$

Anderenfalls heißen die Vektoren $v_1, \ldots, v_n$ *linear abhängig*, d.h. es gibt dann $\beta_1, \ldots, \beta_n \in \mathbb{K}$, die nicht alle Null sind, mit

$$\beta_1 v_1 + \ldots + \beta_n v_n = 0.$$

Beispiel 5

Die Vektoren $v_1, v_2 \in \mathbb{R}^3$ mit

$$v_1 := \begin{pmatrix} 1 \\ 0 \\ 0 \end{pmatrix}, \quad v_2 := \begin{pmatrix} 0 \\ 2 \\ 3 \end{pmatrix}$$

sind linear unabhängig, da

$$0 = \alpha_1 v_1 + \alpha_2 v_2 = \begin{pmatrix} \alpha_1 \\ 0 \\ 0 \end{pmatrix} + \begin{pmatrix} 0 \\ 2\alpha_2 \\ 3\alpha_2 \end{pmatrix} = \begin{pmatrix} \alpha_1 \\ 2\alpha_2 \\ 3\alpha_2 \end{pmatrix}$$

nur gelten kann, wenn $\alpha_1 = \alpha_2 = 0$.

Mit

$$v_3 := \begin{pmatrix} -1 \\ 4 \\ 6 \end{pmatrix}$$

gilt aber, dass v_1, v_2, v_3 nicht linear unabhängig sind, denn es gilt

$$v_1 - 2v_2 + v_3 = 0.$$

Lemma 2.9   *Lineare (Un-)Abhängigkeit*

Sei V ein $\mathbb{K}$-Vektorraum. Vektoren $v_1, \ldots, v_n \in V$ sind genau dann linear abhängig, wenn einer von ihnen als Linearkombination der anderen darstellbar ist.

Beweis.   Aus

$$\alpha_1 v_1 + \ldots + \alpha_n v_n = 0$$

mit mindestens einem $\alpha_i \neq 0$ folgt

$$v_i = -\frac{1}{\alpha_i}\left(\alpha_1 v_1 + \ldots + \alpha_{i-1} v_{i-1} + \alpha_{i+1} v_{i+1} + \ldots + \alpha_n v_n\right).$$

Umgekehrt gilt, dass wenn

$$v_i = \beta_1 v_1 + \ldots + \beta_{i-1} v_{i-1} + \beta_{i+1} v_{i+1} + \ldots + \beta_n v_n,$$

dann gilt

$$0 = \beta_1 v_1 + \ldots + \beta_{i-1} v_{i-1} + (-1)v_i + \beta_{i+1} v_{i+1} + \ldots + \beta_n v_n.$$

$\square$

2.1.5   Basis und Dimension

Definition 2.10:   *Basis*

Sei V ein $\mathbb{K}$-Vektorraum. Ein n-Tupel $(v_1, \ldots, v_n)$ von Vektoren aus V heißt *Basis* von V, wenn gilt

(i) $v_1, \ldots, v_n$ sind linear unabhängig.

(ii) V wird von den *Basisvektor*en aufgespannt, d.h.

$$V = \text{span}\left\{v_1, \ldots, v_n\right\}.$$

Beispiel 6

Für den Vektorraum $\mathbb{R}^3$ gilt

$$\text{span}\left\{\begin{pmatrix}1\\0\\0\end{pmatrix}, \begin{pmatrix}0\\1\\0\end{pmatrix}, \begin{pmatrix}0\\0\\1\end{pmatrix}\right\} = \mathbb{R}^3.$$

Außerdem ist

$$\alpha_1 \begin{pmatrix}1\\0\\0\end{pmatrix} + \alpha_2 \begin{pmatrix}0\\1\\0\end{pmatrix} + \alpha_3 \begin{pmatrix}0\\0\\1\end{pmatrix} = \begin{pmatrix}\alpha_1\\\alpha_2\\\alpha_3\end{pmatrix}$$

nur dann Null, wenn $\alpha_1 = \alpha_2 = \alpha_3 = 0$, d.h. die drei Einheitsvektoren sind linear unabhängig. Damit bilden sie eine Basis des $\mathbb{R}^3$; die sogenannte *kanonische Basis*.

Lemma 2.11   *Eindeutigkeit der Basisdarstellung*

Sei V ein $\mathbb{K}$-Vektorraum mit einer Basis $(v_1, \ldots, v_n)$. Dann ist jedes $v \in V$ in eindeutiger Weise als Linearkombination der Basisvektoren darstellbar, d.h. zu jedem $v \in V$ gibt es genau ein $\begin{pmatrix} \alpha_1 \\ \vdots \\ \alpha_n \end{pmatrix} \in \mathbb{K}^n$, für das gilt

$$v = \alpha_1 v_1 + \ldots + \alpha_n v_n.$$

Beweis.   Da $V = \text{span}\,\{v_1, \ldots, v_n\}$, gibt es zu jedem $v \in V$ eine Linearkombination

$$v = \alpha_1 v_1 + \ldots + \alpha_n v_n.$$

Ist nun durch

$$v = \beta_1 v_1 + \ldots + \beta_n v_n$$

eine weitere Linearkombination gegeben, dann ist

$$(\beta_1 - \alpha_1)v_1 + \ldots + (\beta_n - \alpha_n)v_n = v - v = 0$$

Wegen der linearen Unabhängigkeit von $v_1, \ldots, v_n$ folgt daraus $\beta_i - \alpha_i = 0$, also $\beta_i = \alpha_i$ für $i = 1, \ldots, n$. $\square$

Man nennt die Basisdarstellung auch *Komponentenzerlegung*, da man einen Vektor bezüglich der Basis in Komponenten zerlegt.

Beispiel 7

Im $\mathbb{R}^2$ ist durch $(\vec{b}_1, \vec{b}_2)$ mit

$$\vec{b}_1 = \begin{pmatrix} 2 \\ \frac{1}{2} \end{pmatrix}, \quad \vec{b}_2 = \begin{pmatrix} \frac{1}{2} \\ 3 \end{pmatrix},$$

eine Basis gegeben. Mit Lemma 2.11 ist jeder Vektor aus $\mathbb{R}^2$ eindeutig als Linearkombination dieser Basisvektoren darstellbar.

Betrachtet man $\vec{v} = \begin{pmatrix} 9 \\ 8 \end{pmatrix}$, so lässt sich die Komponentenzerlegung geometrisch eindeutig mit einem Vektorparallelogramm durchführen, siehe Abbildung 2.3 auf Seite 22. Im vorliegenden Beispiel gilt

$$4\vec{b}_1 + 2\vec{b}_2 = 4\begin{pmatrix} 2 \\ \frac{1}{2} \end{pmatrix} + 2\begin{pmatrix} \frac{1}{2} \\ 3 \end{pmatrix} = \underbrace{\begin{pmatrix} 8 \\ 2 \end{pmatrix}}_{=:\vec{v}_1} + \underbrace{\begin{pmatrix} 1 \\ 6 \end{pmatrix}}_{=:\vec{v}_2} = \begin{pmatrix} 9 \\ 8 \end{pmatrix} = \vec{v}.$$

$\vec{v}_1$ und $\vec{v}_2$ nennt man auch die *Vektorkomponenten* von $\vec{v}$ bezüglich der betrachteten Basis.

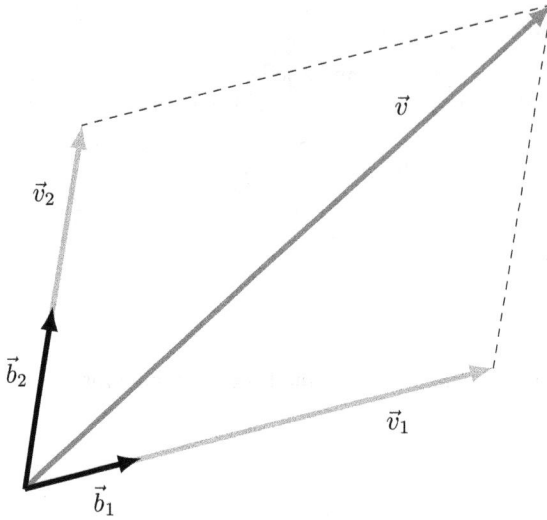

Abbildung 2.3: *Komponentenzerlegung eines Vektors*

Satz 2.12   *Basisergänzungssatz*

Sei V ein $\mathbb{K}$-Vektorraum und $v_1, \ldots, v_r, w_1, \ldots, w_s \in V$. Sind $v_1, \ldots, v_r$ linear unabhängig und gilt

$$\operatorname{span}\{v_1, \ldots, v_r, w_1, \ldots, w_s\} = V,$$

dann kann man $(v_1, \ldots, v_r)$ durch eventuelle Hinzunahme geeigneter Vektoren aus $\{w_1, \ldots, w_s\}$ zu einer Basis von V ergänzen.

Beweis. [10]   □

Satz 2.13   *Basislänge*

Ist V ein $\mathbb{K}$-Vektorraum und sind $(v_1, \ldots, v_n)$ und $(w_1, \ldots, w_m)$ Basen von V, so ist $n = m$.

Beweis. [10]   □

Definition 2.14:   *Dimension*

(i) Besitzt ein $\mathbb{K}$-Vektorraum V eine Basis $(v_1, \ldots, v_n)$, so heißt V ein *endlichdimensionaler Vektorraum* und n die *Dimension* von V, geschrieben als $\dim V = n$.

(ii) Besitzt ein $\mathbb{K}$-Vektorraum $V \neq \{0\}$ für kein $n \in \mathbb{N}$ eine Basis $(v_1, \ldots, v_n)$, so heißt V ein *unendlichdimensionaler Vektorraum* und man schreibt $\dim V = \infty$.

(iii) Für den $\mathbb{K}$-Vektorraum $\{0\}$ setzt man $\dim\{0\} = 0$.

Lemma 2.15 *Dimension von $\mathbb{K}^n$*

Für den $\mathbb{K}$-Vektorraum $\mathbb{K}^n$ gilt $\dim \mathbb{K}^n = n$.

Beweis. Die Einheitsvektoren bilden eine Basis $(e_1, \ldots, e_n)$. $\square$

Daher ist der Raum der Ortsvektoren aus der Anschauungsebene ein *zweidimensionaler* Vektorraum und der „gewöhnliche" Raum der Ortsvektoren ein *dreidimensionaler* Vektorraum.

Mit den entwickelten Werkzeugen ist die Behandlung höherdimensionaler Vektorräume kein Problem. In der Physik nimmt man oft die *Zeit* als vierte Komponente zu den drei Raumkomponenten hinzu, d.h. man betrachtet den $\mathbb{R}^4$. Zusammen mit der Zeit entsteht somit ein *vierdimensionaler* Vektorraum, den man nicht unbedingt geometrisch interpretieren muss.

Satz 2.16 *Eigenschaften endlichdimensionaler Vektorräume*

Sei V ein $\mathbb{K}$-Vektorraum mit $\dim V = n$ für ein $n \in \mathbb{N}$. Dann gilt:

   (i) Je n linear unabhängige Vektoren aus V bilden eine Basis von V.

  (ii) Ist $V = \operatorname{span}\{v_1, \ldots, v_n\}$, dann ist $(v_1, \ldots, v_n)$ eine Basis von V.

 (iii) Je r Vektoren aus V mit $r > n$ sind linear abhängig.

 (iv) Ist $U \subseteq V$ ein Untervektorraum von U, so ist entweder $U = V$ oder $\dim U < \dim V$.

Beweis. [10] $\square$

Beispiel 8

- Im komplexen Vektorraum $\mathbb{C}^3$ sind die Vektoren

$$v_1 := \begin{pmatrix} 7i \\ 0 \\ 0 \end{pmatrix}, \quad v_2 := \begin{pmatrix} -1 \\ 2+i \\ 5i \end{pmatrix}, \quad v_3 := \begin{pmatrix} 3+4i \\ 5 \\ 0 \end{pmatrix}$$

  linear unabhängig. Da $\dim \mathbb{C}^3 = 3$, ist (v_1, v_2, v_3) eine Basis von $\mathbb{C}^3$.

- Im reellen Vektorraum $\mathbb{R}^2$ müssen die Vektoren

$$\begin{pmatrix} 1 \\ 2 \end{pmatrix}, \quad \begin{pmatrix} 7 \\ 19 \end{pmatrix}, \quad \begin{pmatrix} -5 \\ 216 \end{pmatrix}$$

  linear abhängig sein, da $\dim \mathbb{R}^2 = 2$.

- Sind $v_1, \ldots, v_r, r \in \mathbb{N}$, Vektoren aus $V \setminus \{0\}$ mit $\dim V = n$, so gilt

$$1 \leq \dim(\operatorname{span}\{v_1, \ldots, v_r\}) \leq \min\{n, r\}.$$

2.2   Hilberträume

2.2.1   Skalarprodukt und Norm

Die Abbildung

$$\|\bullet\| : \mathbb{R}^n \to \mathbb{R}_0^+,$$

$$x \mapsto \|x\| := \sqrt{\sum_{i=1}^n x_i^2} = \sqrt{x_1^2 + \ldots + x_n^2},$$

die jedem $x \in \mathbb{R}^n$ geometrisch gesehen die Länge des Vektors zuordnet, heißt *euklidische Norm* auf dem $\mathbb{R}^n$. Die allgemeine Normdefinition lautet wie folgt:

Definition 2.17:   *Norm, normierter Raum*

   Ist $\mathbb{K} = \mathbb{R}$ oder $\mathbb{K} = \mathbb{C}$ und ist V ein $\mathbb{K}$-Vektorraum, so heißt eine Abbildung

$$\|\bullet\| : V \to \mathbb{R}_0^+$$

Norm, wenn folgende Eigenschaften gelten:

   (i) *Positivität*:

$$\|v\| \geq 0 \quad \text{für alle } v \in V;$$
$$\|v\| = 0 \quad \text{nur für } v = 0.$$

   (ii) *Linearität*:

$$\|\lambda v\| = |\lambda| \, \|v\| \quad \text{für alle } \lambda \in \mathbb{K}, \, v \in V.$$

   (iii) *Dreiecksungleichung*:

$$\|u + v\| \leq \|u\| + \|v\| \quad \text{für alle } u, v \in V.$$

   Man nennt $(V, \|\bullet\|)$ dann *normierter Raum*.

Die euklidische Norm ist damit natürlich eine Norm. Es lassen sich viele weitere Normen finden. Auf dem $\mathbb{R}^3$ ist z.B.

$$\|x\|_{\text{sum}} := |x_1| + |x_2| + |x_3|$$

die *Summennorm*, die ebenfalls alle Normeigenschaften erfüllt, aber nicht mehr die Länge des Vektors x berechnet.

Die Berechnung von Winkeln zwischen Vektoren spielt eine große Rolle in der Anwendung der Vektorrechnung und ebenfalls in der weiteren Ausarbeitung der Theorie.

Beispiel 9

Ein physikalisches Gesetz besagt, dass für die Verschiebung eines Körpers der Masse m durch eine Kraft F um ein Wegstück s eine Arbeit W der Größe

$$W = F \cdot s$$

zu leisten ist.

Wirkt nun eine vektorielle Kraft $\vec{F}$ nicht parallel zum Weg $\vec{s}$, den der Körper nimmt, wie in Abbildung 2.4 dargestellt, so wirkt nur die zu $\vec{s}$ parallele Komponente $\vec{F_s}$ von $\vec{F}$.

Für die geleistete Arbeit gilt somit

$$W = \left\| \vec{F_s} \right\| \cdot \| \vec{s} \| = \left\| \vec{F} \right\| \cdot \| \vec{s} \| \cdot \cos \sphericalangle(\vec{s}, \vec{F}) = \left\| \vec{F} \right\| \cdot \| \vec{s} \| \cdot \cos \sphericalangle(\vec{F}, \vec{s}).$$

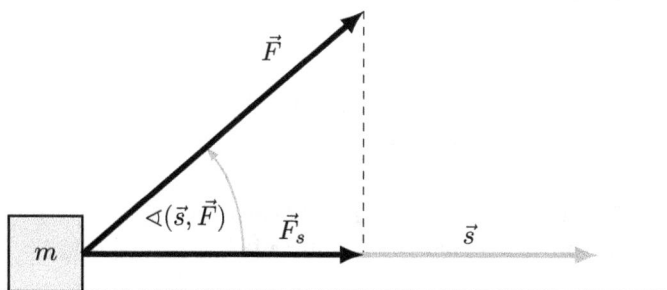

Abbildung 2.4: *Komponentenzerlegung einer Kraft*

Das im Beispiel verwendete Produkt zur Berechnung der Arbeit wird als Skalarprodukt bezeichnet und mit einer eigenen Bezeichnung versehen. Für das Skalarprodukt zweier Vektoren $\vec{a}$ und $\vec{b}$ aus $\mathbb{R}^n$ soll

$$\left\langle \vec{a}, \vec{b} \right\rangle := \| \vec{a} \| \cdot \left\| \vec{b} \right\| \cdot \cos \sphericalangle(\vec{a}, \vec{b})$$

gelten.

Die Abbildung

$$\langle \bullet, \bullet \rangle : \mathbb{R}^n \times \mathbb{R}^n \to \mathbb{R},$$

$$(x, y) \mapsto \langle x, y \rangle := \sum_{i=1}^{n} x_i y_i = x_1 y_1 + \ldots + x_n y_n$$

heißt *Standard-Skalarprodukt* auf dem $\mathbb{R}^n$. Eine alternative Schreibweise für $\langle x, y \rangle$ ist $x^\top y$.

Die Abbildung

$$\langle \bullet, \bullet \rangle : \mathbb{C}^n \times \mathbb{C}^n \to \mathbb{C},$$

$$(x, y) \mapsto \langle x, y \rangle := \sum_{i=1}^{n} \overline{x_i} y_i = \overline{x_1} y_1 + \ldots + \overline{x_n} y_n$$

heißt *Standard-Skalarprodukt* auf dem $\mathbb{C}^n$. Eine alternative Schreibweise für $\langle x, y \rangle$ ist $\overline{x}^\top y$.

Die allgemeine Skalarproduktdefinition lautet wie folgt:

Definition 2.18: *Skalarprodukt, Prähilbertraum*

Ist $\mathbb{K} = \mathbb{R}$ oder $\mathbb{K} = \mathbb{C}$ und ist V ein $\mathbb{K}$-Vektorraum, so heißt eine Abbildung

$$\langle \bullet, \bullet \rangle : V \times V \to \mathbb{K}$$

Skalarprodukt, wenn folgende Eigenschaften gelten:

(i) (Konjugierte) *Symmetrie*:

$$\langle u, v \rangle = \overline{\langle v, u \rangle} \quad \text{für alle } u, v \in V.$$

(ii) *Linearität* in der zweiten Komponente:

$$\langle u, v_1 + v_2 \rangle = \langle u, v_1 \rangle + \langle u, v_2 \rangle \quad \text{für alle } u, v_1, v_2 \in V;$$
$$\langle u, \lambda v \rangle = \lambda \langle u, v \rangle \qquad\qquad \text{für alle } \lambda \in \mathbb{K},\ u, v \in V.$$

(iii) *Positive Definitheit*:

$$\langle v, v \rangle \geq 0 \quad \text{für alle } v \in V;$$
$$\langle v, v \rangle = 0 \quad \text{nur für } v = 0.$$

Man nennt $(V, \langle \bullet, \bullet \rangle)$ dann $\mathbb{K}$-*Prähilbertraum*.

- Die *Konjugation* $\overline{z} = x - iy$ für $z = x + iy \in \mathbb{C}$ und $x, y \in \mathbb{R}$ kann für reelle Vektorräume weggelassen werden bzw. es gilt $\overline{x} = x$ für alle $x \in \mathbb{R}$.

- Die Linearität in der zweiten Komponente ist eine Konzession an die Schreibweisen in der Quantenmechanik, da man sonst sehr oft die Linearität in der ersten Komponente fordert. Für reelle Vektorräume ergibt sich auch hier kein Unterschied.

- Das Standard-Skalarprodukt erfüllt alle diese Eigenschaften und ist damit natürlich ein Skalarprodukt.

Mit dieser Definition kann man nun auch Skalarprodukte z.B. für Vektorräume von Funktionen festlegen.

Definition 2.19: *Winkel, orthogonale Vektoren*

Es sei $(V, \langle \bullet, \bullet \rangle)$ ein Prähilbertraum.

(i) Für $x, y \in V$ mit $x \neq 0$, $y \neq 0$, ist der *Öffnungswinkel* $\sphericalangle(x, y)$ zwischen x und y definiert durch

$$\cos(\sphericalangle(x, y)) := \frac{\mathrm{Re}(\langle x, y \rangle)}{\|x\| \, \|y\|}, \quad 0 \leq \sphericalangle(x, y) \leq \pi.$$

(ii) Zwei Vektoren $x, y \in V$ heißen *orthogonal* zueinander, wenn

$$\langle x, y \rangle = 0.$$

Man sagt dann auch, x steht *senkrecht* auf y und man schreibt $x \perp y$, um die Orthogonalität auszudrücken.

Lemma 2.20 *Induzierte Norm auf Prähilberträumen*

Ist $\mathbb{K} = \mathbb{R}$ oder $\mathbb{K} = \mathbb{C}$ und ist $(V, \langle \bullet, \bullet \rangle)$ ein $\mathbb{K}$-Prähilbertraum, so ist durch

$$\|\bullet\| : V \to \mathbb{R}_0^+, \quad x \mapsto \sqrt{\langle v, v \rangle}$$

eine Norm auf V definiert, die durch das Skalarprodukt induzierte Norm.

Beweis. [9, 24] □

Beispiel 10

Für $a, b \in \mathbb{R}^n$ gilt mit den Eigenschaften von Definition 2.18 auf der vorherigen Seite für das Standard-Skalarprodukt:

$$\begin{aligned}
\|a + b\|^2 &= \langle a + b, a + b \rangle \\
&= \langle a, a + b \rangle + \langle b, a + b \rangle \\
&= \langle a, a \rangle + \langle a, b \rangle + \langle b, a \rangle + \langle b, b \rangle \\
&= \|a\|^2 + 2\|a\| \, \|b\| \cos \sphericalangle(a, b) + \|b\|^2.
\end{aligned}$$

Stehen a und b aufeinander senkrecht, so ist $\cos \sphericalangle(a, b) = 0$. Die Vektoren a und b sind dann die Katheten eines rechtwinkeligen Dreiecks und $a + b$ ist die Hypotenuse. Wir erhalten damit den *Satz von Pythagoras*:

$$\|a + b\|^2 = \|a\|^2 + \|b\|^2.$$

Die folgende Ungleichung kann oft nützlich eingesetzt werden.

Satz 2.21   *Cauchy-Schwarzsche Ungleichung*

Ist $(V, \langle \bullet, \bullet \rangle)$ ein Prähilbertraum, so gilt die

$$| \langle x, y \rangle | \leq \|x\| \, \|y\|, \qquad \text{für alle } x, y \in V.$$

Beweis.   [10]   □

2.2.2   Hilbertraum und Orthonormalbasis

Eine Folge $(x_n)_{n \in \mathbb{N}}$ von Vektoren $x_n \in V$ eines Prähilberträumes V heißt *Cauchy-Folge*, falls es zu jedem $\epsilon > 0$ ein $N \in \mathbb{N}$ gibt, so dass $\|x_n - x_m\| < \epsilon$ für alle $n, m > N$.

Die Folge konvergiert gegen ein $v \in V$, falls es zu jedem $\epsilon > 0$ ein $N \in \mathbb{N}$ gibt, so dass $\|x_n - v\| < \epsilon$ für alle $n > N$.

Definition 2.22:   *Hilbertraum*

Es sei $\mathbb{K} = \mathbb{R}$ oder $\mathbb{K} = \mathbb{C}$ und $(V, \langle \bullet, \bullet \rangle)$ sei ein $\mathbb{K}$-*Prähilbertraum* mit der induzierten Norm $\|\bullet\|$. $(V, \langle \bullet, \bullet \rangle)$ heißt ein *Hilbertraum*, falls er *vollständig* ist, d.h. falls alle *Cauchy-Folgen* aus V bezüglich $\|\bullet\|$ gegen ein Element aus V konvergieren.

$(\mathbb{C}^n, \langle \bullet, \bullet \rangle)$ mit dem Standard-Skalarprodukt ist ein Beispiel für einen Hilbertraum.

Auf endlichdimensionalen Hilberträumen lassen sich in einfacher Weise Orthogonalbasen betrachten. Dies funktioniert auch bei unendlichedimensionalen Hilberträumen, siehe [9], aber für Quantencomputer genügen endlichdimensionale Hilberträume.

Definition 2.23:   *Orthonormalbasis, Hilbertbasis*

Es sei $n \in \mathbb{N}$ und es sei $(V, \langle \bullet, \bullet \rangle)$ ein n-dimensionaler $\mathbb{K}$-*Hilbertraum* für $\mathbb{K} = \mathbb{R}$ oder $\mathbb{K} = \mathbb{C}$. Eine Basis $(v_1, \ldots, v_n)$ von V heißt *Orthonormalbasis* oder *Hilbertbasis*, falls gilt

$$\langle v_j, v_k \rangle = \delta_{jk}, \quad \text{für alle } j, k = 1, \ldots, n.$$

Dabei bezeichnet δ_{jk} das *Kronecker-Symbol* mit

$$\delta_{jk} = \begin{cases} 1, & \text{für } j = k, \\ 0, & \text{sonst} \end{cases}.$$

Lemma 2.24   *Hilbertbasis von $\mathbb{C}^n$*

Für jedes $n \in \mathbb{N}$ bilden die Einheitsvektoren $(e_1, \ldots, e_n)$ eine *Orthonormalbasis* von $\mathbb{C}^n$ versehen mit dem Standard-Skalarprodukt.

Beweis.   Folgt sofort aus den Definitionen des Standard-Skalarprodukts und der Einheitsvektoren.   □

2.2.3   Operatoren und Adjungierte

Definition 2.25: *Lineare Abbildung*

Gegeben seien ein Körper $\mathbb{K}$ und zwei Vektorräume V und W über $\mathbb{K}$. Eine Abbildung

$$f : V \to W$$

heißt *lineare Abbildung*, wenn sie folgende beiden Forderungen erfüllt:

(i) $f(x + y) = f(x) + f(y)$,   für alle $x, y \in V$.   *(Additivität)*

(ii) $f(\lambda x) = \lambda f(x)$,   für alle $x \in V$ und alle $\lambda \in \mathbb{K}$.   *(Homogenität)*

Definition 2.26: *Linearer Operator*

Es sei $(V, \langle \bullet, \bullet \rangle)$ ein $\mathbb{K}$-*Hilbertraum* für $\mathbb{K} = \mathbb{R}$ oder $\mathbb{K} = \mathbb{C}$. Eine lineare Abbildung $A : V \to V$ heißt *Automorphismus* oder linearer *Operator* auf V.
Ist $v \in V$, so schreibt man auch abkürzend $Av := A(v)$.

Lineare Abbildungen zwischen endlichdimensionalen Vektorräumen lassen sich bezüglich gegebener Basen mit Hilfe einer Matrix darstellen. Ein linearer Operator $A : \mathbb{C}^n \to \mathbb{C}^n$ wird aus Bequemlichkeit oft mit der Matrix bezüglich der Einheitsbasis identifiziert.

Satz und Definition 2.27 *Adjungierter Operator*

Es sei $(V, \langle \bullet, \bullet \rangle)$ ein $\mathbb{K}$-*Hilbertraum* für $\mathbb{K} = \mathbb{R}$ oder $\mathbb{K} = \mathbb{C}$. Ist A ein linearer Operator auf V, so gibt es genau einen linearen Operator A^* mit der Eigenschaft

$$\langle A^* x, y \rangle = \langle x, Ay \rangle, \quad \text{für alle } x, y \in V.$$

A^* heißt *adjungierter Operator* zu A.

Beweis. [9]   □

Lemma 2.28 *Eigenschaften adjungierter Operatoren*

Es sei $(V, \langle \bullet, \bullet \rangle)$ ein $\mathbb{K}$-*Hilbertraum* für $\mathbb{K} = \mathbb{R}$ oder $\mathbb{K} = \mathbb{C}$. Für alle linearen Operatoren A, B auf V und $\alpha \in \mathbb{K}$ gilt:

$$(A + B)^* = A^* + B^*, \quad (\alpha A)^* = \overline{\alpha} A^*, \quad A^{**} = A.$$

Beweis.

$$\langle (A+B)^* x, y \rangle = \langle x, (A+B)y \rangle = \langle x, Ay \rangle + \langle x, By \rangle$$
$$= \langle A^* x, y \rangle + \langle B^* x, y \rangle = \langle (A^* + B^*)x, y \rangle \,;$$
$$\langle (\alpha A)^* x, y \rangle = \langle x, (\alpha A)y \rangle = \alpha \langle x, Ay \rangle = \alpha \langle A^* x, y \rangle = \langle \overline{\alpha} A^* x, y \rangle \,;$$
$$\langle A^{**} x, y \rangle = \langle x, A^* y \rangle = \overline{\langle A^* y, x \rangle} = \overline{\langle y, Ax \rangle} = \langle Ax, y \rangle \,.$$

$\square$

Definition 2.29:   *Selbstadjungierter Operator (hermitesch)*

Es sei $(V, \langle \bullet, \bullet \rangle)$ ein $\mathbb{K}$-*Hilbertraum* für $\mathbb{K} = \mathbb{R}$ oder $\mathbb{K} = \mathbb{C}$. Ein linearer Operator A heißt *selbstadjungiert* oder *hermitesch*, falls $A = A^*$ gilt.

2.3   Tensorprodukt

2.3.1   Kartesisches Produkt

Die Elemente eines kartesischen Raumes $V \times W$ bestehen aus den Tupeln (v, w) mit Elementen aus V und W.

Definition 2.30:   *Tupel, kartesischer Produktraum*

Zu einem Körper $\mathbb{K}$ sei V ein n-dimensionaler $\mathbb{K}$-Vektorraum und W ein m-dimensionaler $\mathbb{K}$-Vektorraum.
Für $v \in V$ und $w \in W$ heiße (v, w) ein *Tupel* mit den Komponenten v und w. Die Menge aller solchen Tupel

$$V \times W := \big\{ (v, w) \mid v \in V, \, w \in W \big\}$$

heißt *Produktraum* (kartesisches Produkt von Vektorräumen). Auf $V \times W$ sei definiert die innere Verknüpfung „$+$"

$$(v, w) + (\hat{v}, \hat{w}) := (w + \hat{v}, w + \hat{w}), \quad \text{für alle} \quad (v, w), (\hat{v}, \hat{w}) \in V \times W$$

und die äußere Verknüpfung „$\cdot$"

$$\lambda \cdot (v, w) := (\lambda v, \lambda w), \quad \text{für alle} \quad (v, w) \in V \times W, \, \lambda \in \mathbb{K}.$$

Satz 2.31 *Vektorraumeigenschaft des kartesischen Produktraumes*

Ist $\mathbb{K}$ ein Körper und ist V ein n-dimensionaler $\mathbb{K}$-Vektorraum und W ein m-dimensionaler $\mathbb{K}$-Vektorraum, so ist der kartesische Produktraum $V \times W$ mit seinen Verknüpfungen ein $(n+m)$-dimensionaler $\mathbb{K}$-Vektorraum.

Ist $(v_1, \ldots, v_n)$ eine Basis von V und $(w_1, \ldots, w_m)$ eine Basis vom W, so ist durch

$$((v_1, 0), \ldots, (v_n, 0), (0, w_1), \ldots, (0, w_m))$$

eine Basis von $V \times W$ gegeben.

Definition 2.32: *Mehrfache Bildung kartesischer Produkte*

Zu einem Körper $\mathbb{K}$ seien die endlichdimensionalen Vektorräume U, V, W gegeben. Die kanonisch isomorphen Räume $(U \times V) \times W$ und $U \times (V \times W)$ werden identifiziert und man schreibt

$$U \times V \times W = (U \times V) \times W = U \times (V \times W).$$

Für $n \in \mathbb{N}$ definiert man weiter

$$U^n := U \times U \ldots \times U \quad (n\text{-fach}).$$

2.3.2 Konstruktion des Tensorproduktes

In Analogie zu Tupeln und Produktraum werden nun Tensoren und Tensorraum eingeführt. Ein Tensor $x \otimes y$ ist wie das Tupel (x, y) ein neues Objekt der Anschauung. Im Unterschied zu den Tupeln erweitert man die Menge der Tensoren um formale Summen von Tensoren der Art $x \otimes y$, die man dann auch wieder Tensoren nennt.

Definition 2.33: *Tensor, Tensorraum*

Zu einem Körper $\mathbb{K}$ sei V ein n-dimensionaler $\mathbb{K}$-Vektorraum mit einer Basis $(v_1, \ldots, v_n)$, und W sei ein m-dimensionaler $\mathbb{K}$-Vektorraum mit einer Basis $(w_1, \ldots, w_m)$.

(i) Für $x \in V$ und $y \in W$ heißt $x \otimes y$ ein *zerlegbarer Tensor* mit den Komponenten x und y.

(ii) Die Menge

$$V \otimes W := \left\{ t \mid t = \sum_{j=1}^{n} \sum_{k=1}^{m} t_{jk} \cdot v_j \otimes w_k \text{ mit } t_{jk} \in \mathbb{K} \right\}$$

heißt *Tensorraum (Tensorprodukt* von Vektorräumen) und jedes $t \in V \otimes W$ heißt *Tensor*. t wird bezüglich der gegebenen Basen eindeutig durch die Faktoren t_{jk} charakterisiert, die rein formal über $\sum_{j=1}^{n} \sum_{k=1}^{m} t_{jk} \cdot v_j \otimes w_k$ verknüpft sind.

(iii) Es gelte die *Fundamentalidentität* für alle $x = \sum\limits_{j=1}^{n} x_j v_j \in V$, $y = \sum\limits_{k=1}^{m} y_k w_k \in W$:

$$x \otimes y = \sum_{j=1}^{n} \sum_{k=1}^{m} x_j \cdot y_k \cdot v_j \otimes w_k.$$

(iv) Auf $V \otimes W$ sei definiert die innere Verknüpfung „+"

$$s + t := \sum_{j=1}^{n} \sum_{k=1}^{m} (s_{jk} + t_{jk}) \cdot v_j \otimes w_k, \quad \text{für alle} \quad s, t \in V \otimes W$$

und die äußere Verknüpfung „·"

$$\lambda \cdot t := \sum_{j=1}^{n} \sum_{k=1}^{m} (\lambda \cdot t_{jk}) \cdot v_j \otimes w_k, \quad \text{für alle} \quad t \in V \otimes W, \lambda \in \mathbb{K}.$$

In der Konstruktion des Tensorraumes wurden beliebige, aber fest gewählte Basen von V und W verwendet. Aufgrund der Fundamentalidentität ist der Tensorraum aber unabhängig von den jeweils gewählten Basen. Man betrachte dazu eine alternative Basis $(\hat{v}_1, \dots, \hat{v}_n)$ von V und eine alternative Basis $(\hat{w}_1, \dots, \hat{w}_m)$ von W mit

$$\hat{v}_p = \sum_{j=1}^{n} h_{pj} v_j, \quad \hat{w}_q = \sum_{k=1}^{m} g_{qk} w_k.$$

Mit diesen Basen sei nun der Tensorraum $V \hat{\otimes} W$ definiert. Für ein $t \in V \hat{\otimes} W$ gilt dann

$$t = \sum_{p=1}^{n} \sum_{q=1}^{m} \hat{t}_{pq} \cdot \hat{v}_p \otimes \hat{w}_q \underset{\text{Fund.id.}}{=} \sum_{p=1}^{n} \sum_{q=1}^{m} \hat{t}_{pq} \cdot \sum_{j=1}^{n} \sum_{k=1}^{m} h_{pj} \cdot g_{qk} \cdot v_j \otimes w_k$$

$$= \sum_{j=1}^{n} \sum_{k=1}^{m} \left(\sum_{p=1}^{n} \sum_{q=1}^{m} h_{pj} \cdot \hat{t}_{pq} \cdot g_{qk} \right) \cdot v_j \otimes w_k \in V \otimes W.$$

Entsprechend zeigt man die umgekehrte Richtung.

Der Tensorraum $V \otimes W$, also die *Menge* der Tensoren, ist somit unabhängig von der gewählten Basis. Die *Darstellung* eines Tensors mit seinen Faktoren ist aber natürlich basisabhängig.

Satz 2.34 *Vektorraumeigenschaft des Tensorraumes*

Ist $\mathbb{K}$ ein Körper und ist V ein n-dimensionaler $\mathbb{K}$-Vektorraum und W ein m-dimensionaler $\mathbb{K}$-Vektorraum, so ist der Tensorraum $V \otimes W$ mit seinen Verknüpfungen ein $(n \cdot m)$-dimensionaler $\mathbb{K}$-Vektorraum.

Ist $(v_1, \dots, v_n)$ eine Basis von V und $(w_1, \dots, w_m)$ eine Basis vom W, so ist durch

$$(v_1 \otimes w_1, \dots, v_n \otimes w_m)$$

eine Basis von $V \otimes W$ gegeben.

Beweis. Zum Vektorraum-Nachweis müssen die acht definierenden Eigenschaften nachgewiesen werden.

(V1) In $(V \otimes W, +)$ gilt das *assoziative Gesetz*, denn für alle $t, s, u \in V \otimes W$ folgt sofort mit Definition 2.33 auf Seite 31

$$t + (s + u) = (t + s) + u.$$

(V2) Es existiert ein *Nulltensor* $0 \in V \otimes W$, nämlich

$$0 := \sum_{k=1}^{m} 0 \cdot v_j \otimes w_k,$$

wobei für alle $t \in V \otimes W \otimes W$ gilt

$$t + 0 = 0 + t = t.$$

(V3) Zu jedem *Tensor* $t \in V \otimes W$ existiert ein *negativer Tensor* $-t \in V \otimes W$, nämlich

$$-t := \sum_{j=1}^{n} \sum_{k=1}^{m} (-t_{jk}) \cdot v_j \otimes w_k$$

mit

$$t + (-t) = (-t) + t = 0, \qquad \text{Abkürzung: } t - t = -t + t = 0.$$

(V4) In $(V \otimes W, +)$ gilt das *kommutative Gesetz* sofort mit Definition 2.33 auf Seite 31, d.h. für alle $s, t \in V \otimes W$ gilt

$$s + t = t + s.$$

(V5) Für alle $\alpha, \beta \in \mathbb{K}$ und alle $t \in V \otimes W$ gilt

$$(\alpha \cdot \beta) \cdot t = (\alpha \cdot \beta) \cdot \sum_{j=1}^{n} \sum_{k=1}^{m} t_{jk} \cdot v_j \otimes w_k$$

$$= \sum_{j=1}^{n} \sum_{k=1}^{m} ((\alpha \cdot \beta) \cdot t_{jk}) \cdot v_j \otimes w_k$$

$$= \sum_{j=1}^{n} \sum_{k=1}^{m} (\alpha \cdot (\beta \cdot t_{jk})) \cdot v_j \otimes w_k$$

$$= \alpha \cdot \sum_{j=1}^{n} \sum_{k=1}^{m} (\beta \cdot t_{jk}) \cdot v_j \otimes w_k = \alpha \cdot (\beta \cdot t).$$

(V6) Für alle $\alpha, \beta \in \mathbb{K}$ und alle $t \in V \otimes W$ gilt

$$
\begin{aligned}
(\alpha + \beta) \cdot t &= (\alpha + \beta) \cdot \sum_{j=1}^{n} \sum_{k=1}^{m} t_{jk} \cdot v_j \otimes w_k \\
&= \sum_{j=1}^{n} \sum_{k=1}^{m} ((\alpha + \beta) \cdot t_{jk}) \cdot v_j \otimes w_k \\
&= \sum_{j=1}^{n} \sum_{k=1}^{m} (\alpha t_{jk} + \beta t_{jk}) \cdot v_j \otimes w_k \\
&= \sum_{j=1}^{n} \sum_{k=1}^{m} \alpha t_{jk} \cdot v_j \otimes w_k + \sum_{j=1}^{n} \sum_{k=1}^{m} \beta t_{jk} \cdot v_j \otimes w_k \\
&= \alpha \cdot t + \beta \cdot t.
\end{aligned}
$$

(V7) Für alle $\alpha \in \mathbb{K}$ und alle $s, t \in V \otimes W$ gilt

$$
\begin{aligned}
\alpha \cdot (s + t) &= \alpha \cdot \sum_{j=1}^{n} \sum_{k=1}^{m} (s_{jk} + t_{jk}) \cdot v_j \otimes w_k \\
&= \sum_{j=1}^{n} \sum_{k=1}^{m} (\alpha \cdot (s_{jk} + t_{jk})) \cdot v_j \otimes w_k \\
&= \sum_{j=1}^{n} \sum_{k=1}^{m} (\alpha \cdot s_{jk} + \alpha \cdot t_{jk}) \cdot v_j \otimes w_k = \alpha \cdot s + \alpha \cdot t.
\end{aligned}
$$

(V8) Für alle $t \in V \otimes W$ gilt

$$
\begin{aligned}
1 \cdot t = 1 \cdot \sum_{j=1}^{n} \sum_{k=1}^{m} t_{jk} \cdot v_j \otimes w_k &= \sum_{j=1}^{n} \sum_{k=1}^{m} (1 \cdot t_{jk}) \cdot v_j \otimes w_k \\
&= \sum_{j=1}^{n} \sum_{k=1}^{m} t_{jk} \cdot v_j \otimes w_k = t.
\end{aligned}
$$

Weiter gilt, dass ein Tensor $t \in V \otimes W$ genau dann der Nulltensor ist, wenn gilt

$$
t = \sum_{j=1}^{n} \sum_{k=1}^{m} t_{jk} \cdot v_j \otimes w_k \quad \text{mit} \quad t_{jk} = 0 \text{ für alle } 1 \leq j \leq n,\ 1 \leq k \leq m.
$$

Das ist aber gleichbedeutend damit, dass die Tensoren $v_1 \otimes w_1, \ldots, v_n \otimes w_m$ linear unabhängig sind. Da sich jeder Tensor als Linearkombination dieser Tensoren darstellen lässt, liegt damit eine Basis vor. Somit ist $V \otimes W$ mit seinen Verknüpfungen ein $(n \cdot m)$-dimensionaler $\mathbb{K}$-Vektorraum. $\qquad\square$

Satz 2.35 *Bilinearität der kanonischen Abbildung*

Zu einem Körper $\mathbb{K}$ seien die endlichdimensionalen Vektorräume V und W gegeben. Die *kanonische Abbildung*

$$\tau : V \times W \to V \otimes W, \quad (v, w) \mapsto v \otimes w$$

ist bilinear, d.h. für alle $x, \hat{x} \in V, y, \hat{y} \in W, \lambda \in \mathbb{K}$ gilt

$$(x + \hat{x}) \otimes y = x \otimes y + \hat{x} \otimes y,$$
$$x \otimes (y + \hat{y}) = x \otimes y + x \otimes \hat{y},$$
$$\lambda(x \otimes y) = (\lambda x) \otimes y = x \otimes (\lambda y).$$

Beweis.

$$(x + \hat{x}) \otimes y = \sum_{j=1}^{n} \sum_{k=1}^{m} (x_j + \hat{x}_j) \cdot y_k \cdot v_j \otimes w_k$$

$$= \sum_{j=1}^{n} \sum_{k=1}^{m} (x_j y_k + \hat{x}_j y_k) \cdot v_j \otimes w_k$$

$$= \sum_{j=1}^{n} \sum_{k=1}^{m} x_j y_k \cdot v_j \otimes w_k + \sum_{j=1}^{n} \sum_{k=1}^{m} \hat{x}_j y_k \cdot v_j \otimes w_k$$

$$= x \otimes y + \hat{x} \otimes y,$$

$$x \otimes (y + \hat{y}) = x \otimes y + x \otimes \hat{y} \quad \text{(analog)},$$

$$\lambda(x \otimes y) = \lambda \sum_{j=1}^{n} \sum_{k=1}^{m} x_j \cdot y_k \cdot v_j \otimes w_k = \sum_{j=1}^{n} \sum_{k=1}^{m} \lambda \cdot x_j \cdot y_k \cdot v_j \otimes w_k$$

$$= \sum_{j=1}^{n} \sum_{k=1}^{m} (\lambda \cdot x_j) \cdot y_k \cdot v_j \otimes w_k = (\lambda x) \otimes y$$

$$= \sum_{j=1}^{n} \sum_{k=1}^{m} x_j \cdot (\lambda \cdot y_k) \cdot v_j \otimes w_k = x \otimes (\lambda y).$$

$\square$

Definition 2.36: *Mehrfache Bildung von Tensorräumen*

Zu einem Körper $\mathbb{K}$ seien die endlichdimensionalen Vektorräume U, V, W gegeben. Die kanonisch isomorphen Räume $(U \otimes V) \otimes W$ und $U \otimes (V \otimes W)$ werden identifiziert und man schreibt

$$U \otimes V \otimes W = (U \otimes V) \otimes W = U \otimes (V \otimes W).$$

Für $n \in \mathbb{N}$ definiert man weiter

$$U^{\otimes n} := U \otimes U \ldots \otimes U \quad (n\text{-fach}).$$

Satz 2.37 *Multilinearität der kanonischen Abbildung*

Zu einem Körper $\mathbb{K}$ seien die endlichdimensionalen Vektorräume $V_1, \ldots, V_p$ gegeben. Die *kanonische Abbildung*

$$\tau : V_1 \times \ldots \times V_p \to V_1 \otimes \ldots \otimes V_p, \quad (v_1, \ldots, v_p) \mapsto v_1 \otimes \ldots \otimes v_p$$

ist multilinear.

Beweis. Der Beweis folgt durch induktive Anwendung von Satz 2.35 auf der vorherigen Seite.
□

2.3.3   Charakterisierungssatz des Tensorproduktes

Satz 2.38 *Charakterisierungssatz des Tensorproduktes*

Zu einem Körper $\mathbb{K}$ seien die endlichdimensionalen Vektorräume $V_1, \ldots, V_p$ und der endlichdimensionale Vektorraum U gegeben und man betrachte die *kanonische Abbildung*

$$\tau : V_1 \times \ldots \times V_p \to V_1 \otimes \ldots \otimes V_p, \quad (v_1, \ldots, v_p) \mapsto v_1 \otimes \ldots \otimes v_p.$$

Zu jeder multilinearen Abbildung

$$B : V_1 \times \ldots \times V_p \to U$$

gibt es genau eine lineare Abbildung

$$b : V_1 \otimes \ldots \otimes V_p \to U$$

mit der Eigenschaft

$$B = b \circ \tau.$$

Das folgende Diagramm ist somit kommutativ:

$$
\begin{array}{ccc}
V_1 \times \ldots \times V_p & \xrightarrow{\ \ \tau\ \ } & V_1 \otimes \ldots \otimes V_p \\
& B \searrow \quad \swarrow b & \\
& U &
\end{array}
$$

Beweis. Der Beweis wird geführt für $p = 2$ mit $V := V_1$ und $W := V_2$. Die allgemeine Aussage folgt dann induktiv.

Im ersten Schritt wird gezeigt, dass zu einer gegebenen linearen Abbildung $b : V \otimes W \to U$ genau eine bilineare Abbildung $B : V \times W \to U$ existiert mit $B = b \circ \tau$. Diese Aussage ist aber trivial, da τ bilinear ist und b linear, d.h. $B = b \circ \tau$ ist damit sofort bilinear.

Nun sei eine bilineare Abbildung $B : V \times W \to U$ gegeben und wir konstruieren eine zugehörige lineare Abbildung $b : V \otimes W \to U$.

Die Abbildungsvorschrift für b wird zunächst für die zerlegbaren Tensoren $x \otimes y \in V \otimes W$ festgelegt:

$$b(x \otimes y) = b \circ \tau(x, y) := B(x, y).$$

Ist $(v_1, \ldots, v_n)$ eine Basis von V und $(w_1, \ldots, w_m)$ eine Basis vom W, so bedeutet dies

$$b(v_j \otimes w_k) = B(v_j, w_k) \quad \text{für alle } 1 \leq j \leq n,\ 1 \leq k \leq m,$$

d.h. die Abbildung b ist auf einer Basis von $V \otimes W$ eindeutig festgelegt und somit ist über

$$b(t) := \sum_{j=1}^{n} \sum_{k=1}^{m} t_{jk} B(v_j, w_k).$$

die eindeutige lineare Abbildung b auf $V \otimes W$ festgelegt. Es gilt insbesondere

$$b(x \otimes y) = \sum_{j=1}^{n} \sum_{k=1}^{m} x_j y_k B(v_j, w_k) = B\left(\sum_{j=1}^{n} x_j v_j, \sum_{k=1}^{m} y_k w_k \right) = B(x, y),$$

d.h. diese lineare Abbildung erfüllt (notwendigerweise) für alle Tensoren $x \otimes y \in V \otimes W$ die Eigenschaft

$$b(x \otimes y) = b \circ \tau(x, y) := B(x, y).$$

$\square$

2.3.4   Tensorprodukt von Hilberträumen

Das Tensorprodukt von Hilberträumen ist in kanonischer Weise selbst ein Hilbertraum.

Satz 2.39   *Tensorprodukt von Hilberträumen*

Es sei $(V, +, \cdot, \langle \bullet, \bullet \rangle_V)$ ein n-dimensionaler $\mathbb{C}$-Hilbertraum mit einer Basis $(v_1, \ldots, v_n)$, und $(W, +, \cdot, \langle \bullet, \bullet \rangle_W)$ sei ein m-dimensionaler $\mathbb{C}$-Hilbertraum mit einer Basis $(w_1, \ldots, w_m)$. Dann ist durch

$$\langle \bullet, \bullet \rangle : (V \otimes W) \times (V \otimes W) \to \mathbb{C}$$

$$(t, s) \mapsto \sum_{j=1}^{n} \sum_{k=1}^{m} \sum_{p=1}^{n} \sum_{q=1}^{m} \overline{t_{jk}} \cdot s_{pq} \cdot \langle v_j, v_p \rangle_V \cdot \langle w_k, w_q \rangle_W$$

ein Skalarprodukt auf $V \otimes W$ gegeben. Insbesondere gilt

$$\langle x \otimes y, \hat{x} \otimes \hat{y} \rangle = \langle x, \hat{x} \rangle_V \cdot \langle y, \hat{y} \rangle_W \quad \text{für alle } x \otimes y, \hat{x} \otimes \hat{y} \in V \otimes W.$$

Sind $(v_1, \ldots, v_n)$ und $(w_1, \ldots, w_m)$ jeweils Orthonormalbasen, so gilt

$$\langle t, s \rangle = \sum_{j=1}^{n} \sum_{k=1}^{m} \overline{t_{jk}} \cdot s_{jk} \quad \text{für alle } t, s \in V \otimes W.$$

$(V \otimes W, +, \cdot, \langle \bullet, \bullet \rangle)$ ist ein $(n \cdot m)$-dimensionaler $\mathbb{C}$-Hilbertraum.

Beweis.   Der Beweis der Skalarprodukteigenschaft erfolgt durch einfaches Nachprüfen: Man betrachte $t, s, r \in V \otimes W$ und $\lambda \in \mathbb{C}$:

$$\overline{\langle s, t \rangle} = \sum_{j=1}^{n} \sum_{k=1}^{m} \sum_{p=1}^{n} \sum_{q=1}^{m} \overline{s_{jk}} \cdot t_{pq} \cdot \langle v_j, v_p \rangle_V \cdot \langle w_k, w_q \rangle_W$$

$$= \sum_{j=1}^{n} \sum_{k=1}^{m} \sum_{p=1}^{n} \sum_{q=1}^{m} s_{jk} \cdot \overline{t_{pq}} \cdot \langle v_p, v_j \rangle_V \cdot \langle w_q, w_k \rangle_W$$

$$= \sum_{p=1}^{n} \sum_{q=1}^{m} \sum_{j=1}^{n} \sum_{k=1}^{m} \overline{t_{pq}} \cdot s_{jk} \cdot \langle v_p, v_j \rangle_V \cdot \langle w_q, w_k \rangle_W = \langle t, s \rangle.$$

$$\langle t, s + r \rangle = \sum_{j=1}^{n} \sum_{k=1}^{m} \sum_{p=1}^{n} \sum_{q=1}^{m} \overline{t_{jk}} \cdot (s_{pq} + r_{pq}) \cdot \langle v_j, v_p \rangle_V \cdot \langle w_k, w_q \rangle_W$$

$$= \langle t, s \rangle + \langle t, r \rangle.$$

$$\langle t, \lambda s \rangle = \sum_{j=1}^{n} \sum_{k=1}^{m} \sum_{p=1}^{n} \sum_{q=1}^{m} \overline{t_{jk}} \cdot (\lambda s_{pq}) \cdot \langle v_j, v_p \rangle_V \cdot \langle w_k, w_q \rangle_W = \lambda \langle t, s \rangle.$$

Sind $(v_1, \ldots, v_n)$ und $(w_1, \ldots, w_m)$ jeweils Orthonormalbasen, so gilt

$$\langle v_j, v_p \rangle_V = \delta_{jp} \quad \text{und} \quad \langle w_k, w_q \rangle_W = \delta_{kq}$$

und damit

$$\langle t, s \rangle = \sum_{j=1}^{n} \sum_{k=1}^{m} \overline{t_{jk}} \cdot s_{jk} \quad \text{für alle } t, s \in V \otimes W.$$

Mit dieser Darstellung folgt auch sofort

$$\langle t, t \rangle = \sum_{j=1}^{n} \sum_{k=1}^{m} \overline{t_{jk}} \cdot t_{jk} = \sum_{j=1}^{n} \sum_{k=1}^{m} |t_{jk}|^2 \geq 0 \quad \text{und} \quad \langle t, t \rangle = 0 \text{ nur für } t = 0.$$

Schließlich betrachte man für beliebige Basen noch

$$x = \sum_{j=1}^{n} x_j v_j, \ \hat{x} = \sum_{p=1}^{n} \hat{x}_p v_p \in V, \quad y = \sum_{k=1}^{m} y_k w_k, \ \hat{y} = \sum_{q=1}^{m} \hat{y}_q w_q \in W.$$

Es gilt:

$$\langle x \otimes y, \hat{x} \otimes \hat{y} \rangle = \sum_{j=1}^{n} \sum_{k=1}^{m} \sum_{p=1}^{n} \sum_{q=1}^{m} \overline{x_j y_k} \cdot \hat{x}_p \hat{y}_q \cdot \langle v_j, v_p \rangle_V \cdot \langle w_k, w_q \rangle_W$$

$$= \left\langle \sum_{j=1}^{n} x_j v_j, \sum_{p=1}^{n} \hat{x}_p v_p \right\rangle_V \cdot \left\langle \sum_{k=1}^{m} y_k w_k, \sum_{q=1}^{m} \hat{y}_q w_q \right\rangle_W$$

$$= \langle x, \hat{x} \rangle_V \cdot \langle y, \hat{y} \rangle_W$$

Die Vollständigkeit von $V \otimes W$ zeigt man elementar über Verwendung von Orthonormalbasen.

□

2.3.5 Tensorprodukt von Tupelräumen

Das Tensorprodukt zweier Tupelräume $\mathbb{K}^n$ und $\mathbb{K}^m$ ergibt einen $(n \cdot m)$-dimensionalen Vektorraum $\mathbb{K}^n \otimes \mathbb{K}^m$. Dieser könnte mit dem Matrizenvektorraum $\mathbb{K}^{n,m}$ identifiziert werden, aber diese Identifikation ist nicht verträglich mit einer mehrfachen Anwendung des Tensorproduktes. Daher identifiziert man $\mathbb{K}^n \otimes \mathbb{K}^m$ mit $\mathbb{K}^{nm}$, wobei die Basis lexikographisch angeordnet wird.

Definition 2.40: *Kanonisches Tensorprodukt von Tupelräumen*

Gegeben seien ein Körper $\mathbb{K}$ und $n, m \in \mathbb{N}$. Weiter seien $e_1, \ldots, e_n$ und $f_1, \ldots, f_m$ die Einheitsvektoren von $\mathbb{K}^n$ und $\mathbb{K}^m$ und es seien $g_1, \ldots, g_{nm}$ die Einheitsvektoren von $\mathbb{K}^{nm}$.

Das *kanonische Tensorprodukt* sei definiert durch die Identifikation

$$\mathbb{K}^n \otimes \mathbb{K}^m \equiv \mathbb{K}^{nm},$$

wobei die Basis des $\mathbb{K}^n \otimes \mathbb{K}^m$ in lexikographischer Reihenfolge der Basis des $\mathbb{K}^{nm}$ zugeordnet werde, also

$$e_j \otimes f_k = g_{(j-1) \cdot m + k} \quad \text{für alle } 1 \leq j \leq n, \ 1 \leq k \leq m.$$

Lemma 2.41   *Kanonisches Tensorprodukt*

Gegeben seien ein Körper $\mathbb{K}$ und $n, m \in \mathbb{N}$. Unter Verwendung des kanonischen Tensorproduktes gilt:

$$
\begin{pmatrix} x_1 \\ x_2 \\ \vdots \\ x_n \end{pmatrix} \otimes \begin{pmatrix} y_1 \\ y_2 \\ \vdots \\ y_m \end{pmatrix} = \begin{pmatrix} x_1 y_1 \\ x_1 y_2 \\ \vdots \\ x_1 y_m \\ x_2 y_1 \\ \vdots \\ x_2 y_m \\ \vdots \\ x_n y_m \end{pmatrix} . \quad \text{für alle } x \in \mathbb{K}^n, \, y \in \mathbb{K}^m.
$$

Beweis.   Der Beweis folgt mit Definition 2.33 auf Seite 31 und Definition 2.40 auf der vorherigen Seite.   □

Lemma 2.42   *Verträglichkeit der Tensorraumidentifikation*

Gegeben seien ein Körper $\mathbb{K}$ und $n, m, p \in \mathbb{N}$. Die Identifikation des Tensorraumes mit einem Tupelraum ist verträglich mit der mehrfachen Produktbildung, d.h. es gilt

$$
(\mathbb{K}^n \otimes \mathbb{K}^m) \otimes \mathbb{K}^p = \mathbb{K}^{nm} \otimes \mathbb{K}^p = \mathbb{K}^{nmp} = \mathbb{K}^n \otimes \mathbb{K}^{mp} = \mathbb{K}^n \otimes (\mathbb{K}^m \otimes \mathbb{K}^p),
$$
$$
(x \otimes y) \otimes z = x \otimes (y \otimes z) \quad \text{für alle } x \in \mathbb{K}^n, \, y \in \mathbb{K}^m, \, z \in \mathbb{K}^p.
$$

Beweis.   Der Beweis folgt sofort aufgrund der Erweiterbarkeit der lexikographischen Anordnungstruktur.   □

Beispiel 11

Für alle $x \in \mathbb{K}^2$, $y \in \mathbb{K}^3$ und $z \in \mathbb{K}^2$ gilt:

$$
x \otimes y \otimes z = \begin{pmatrix} x_1 \\ x_2 \end{pmatrix} \otimes \begin{pmatrix} y_1 \\ y_2 \\ y_3 \end{pmatrix} \otimes \begin{pmatrix} z_1 \\ x_2 \end{pmatrix} = \begin{pmatrix} x_1 y_1 z_1 \\ x_1 y_1 z_2 \\ x_1 y_2 z_1 \\ x_1 y_2 z_2 \\ x_1 y_3 z_1 \\ x_1 y_3 z_2 \\ x_2 y_1 z_1 \\ x_2 y_1 z_2 \\ x_2 y_2 z_1 \\ x_2 y_2 z_2 \\ x_2 y_3 z_1 \\ x_2 y_3 z_2 \end{pmatrix}.
$$

2.4 Wahrscheinlichkeitstheoretische Begriffe und Grundlagen

Im Folgenden werden grundlegende Begriffe der Wahrscheinlichkeitstheorie eingeführt, die hier Verwendung finden. Dieser Überblick folgt der Darstellung in [11, 17–19, 22].

2.4.1 Maße auf σ-Algebren

Wir betrachten eine beliebige nichtleere Basismenge Ω. Eine Menge $\mathcal{F} \subseteq \mathscr{P}(\Omega)$ wird als Mengensystem (über Ω) bezeichnet, wobei $\mathscr{P}$ die *Potenzmenge* (Menge aller Teilmengen) von Ω darstellt. Mit $\overline{\mathbb{R}} := \mathbb{R} \cup \{-\infty, +\infty\}$ wird eine Erweiterung der Menge aller reellen Zahlen definiert. Die algebraische Struktur von $\mathbb{R}$ wird folgendermaßen auf $\overline{\mathbb{R}}$ erweitert: Für alle $a \in \mathbb{R}$ gilt:

$$
a + (\pm\infty) = (\pm\infty) + a = (\pm\infty) + (\pm\infty) = (\pm\infty), \quad +\infty - (-\infty) = +\infty,
$$

$$
a \cdot (\pm\infty) = (\pm\infty) \cdot a = \begin{cases} (\pm\infty), & \text{für } a > 0, \\ 0, & \text{für } a = 0, \\ (\mp\infty), & \text{für } a < 0, \end{cases}
$$

$$
(\pm\infty) \cdot (\pm\infty) = +\infty, \quad (\pm\infty) \cdot (\mp\infty) = -\infty, \quad \frac{a}{\pm\infty} = 0.
$$

Somit ist $\overline{\mathbb{R}}$ kein Körper. Die Vorzeichen bei $\pm\infty$ dürfen bei den obigen Formeln nicht kombiniert werden, denn der Ausdruck $+\infty - (+\infty)$ ist nicht definiert. Die Bedeutung der Festlegung $0 \cdot (\pm\infty) = (\pm\infty) \cdot 0 = 0$ wird später deutlich. Vorsicht ist allerdings bei den Grenzwertsätzen geboten:

$$
\lim_{x \to +\infty} \left(x \cdot \frac{1}{x} \right) \neq (+\infty) \cdot 0 = 0.
$$

Ergänzt man die Ordnungsstruktur von $\mathbb{R}$ durch $-\infty < a$, $a < +\infty$ für alle $a \in \mathbb{R}$ und $-\infty <$ $+\infty$, so ist $(\overline{\mathbb{R}}, \leq)$ eine geordnete Menge. Aufgrund topologischer Überlegungen können wir unter Verzicht auf die entsprechenden Grenzwertsätze vereinbaren, dass die Folge $(n)_{n \in \mathbb{N}}$ den Grenzwert $+\infty \in \overline{\mathbb{R}}$ besitzt. Für „$+\infty$" schreiben wir oft „∞". In Analogie zur Berechnung von Volumina in der Geometrie versucht man, Mengen aus einem Mengensystem $\mathcal{F}$ über Ω Maße (Volumina) zuzuordnen. Zu diesem Zweck zeichnet man spezielle Funktionen aus.

Definition 2.43:   *(σ-endliches) Maß*

Sei $\mathcal{F} \subseteq \mathscr{P}(\Omega)$, $\emptyset \in \mathcal{F}$. Eine Funktion $\mu : \mathcal{F} \to \overline{\mathbb{R}}$ heißt Maß auf $\mathcal{F}$, falls die folgenden Bedingungen erfüllt sind:

(M1) $\mu(A) \geq 0$ für alle $A \in \mathcal{F}$,

(M2) $\mu(\emptyset) = 0$,

(M3) Für jede Folge $(A_i)_{i \in \mathbb{N}}$ paarweise disjunkter Mengen mit $A_i \in \mathcal{F}$,
$i \in \mathbb{N}$, und $\bigcup\limits_{i=1}^{\infty} A_i \in \mathcal{F}$ gilt:

$$\mu \left(\bigcup_{i=1}^{\infty} A_i \right) = \sum_{i=1}^{\infty} \mu(A_i) \quad (\sigma\text{-Additivität}).$$

Besitzen für eine Folge $(B_i)_{i \in \mathbb{N}}$ mit $B_i \subseteq B_{i+1}$, $B_i \in \mathcal{F}$ und $\bigcup\limits_{i=1}^{\infty} B_i = \Omega$ alle Mengen B_i, $i \in \mathbb{N}$, ein endliches Maß, so wird μ als σ-endlich bezeichnet.

Es wäre naheliegend, Maße auf der Potenzmenge von Ω zu betrachten. Allerdings ist diese Vorgehensweise problematisch, da es zum Beispiel nicht möglich ist, ein translationsinvariantes Maß μ auf der Potenzmenge des $\mathbb{R}^3$ mit $\mu(\mathbb{R}^3) = 1$ zu finden. Daher hat man sich im Allgemeinen mit speziellen Mengensystemen über Ω (Teilmengen der Potenzmenge) zu begnügen. Dies führt auf den Begriff der σ-Algebra.

Definition 2.44:   *σ-Algebra*

Ein Mengensystem $\mathcal{S} \subseteq \mathscr{P}(\Omega)$ heißt σ-Algebra über Ω, falls die folgenden Axiome erfüllt sind:

(S1) $\Omega \in \mathcal{S}$,

(S2) Aus $A \in \mathcal{S}$ folgt $A^c := \Omega \setminus A \in \mathcal{S}$,

(S3) Aus $A_i \in \mathcal{S}$, $i \in \mathbb{N}$, folgt $\bigcup\limits_{i=1}^{\infty} A_i \in \mathcal{S}$.

Die folgende Eigenschaft von σ-Algebren ist wichtig.

Satz 2.45 *Durchschnittsstabilität von σ-Algebren*

Sei I eine beliebige nichtleere Menge und $\mathcal{S}_i$ für jedes $i \in I$ eine σ-Algebra über Ω, so ist auch $\bigcap_{i \in I} \mathcal{S}_i$ eine σ-Algebra über Ω. Diese Eigenschaft wird *Durchschnittsstabilität* von σ-Algebren genannt.

Wir können also von erzeugten σ-Algebren sprechen.

Definition 2.46: *Erzeugte σ-Algebra*

Sei $\mathcal{F} \subseteq \mathscr{P}(\Omega)$ und sei Σ die Menge aller σ-Algebren über Ω, die $\mathcal{F}$ enthalten, dann wird die σ-Algebra $\sigma(\mathcal{F}) := \bigcap_{\mathcal{S} \in \Sigma} \mathcal{S}$ als die von $\mathcal{F}$ erzeugte σ-Algebra bezeichnet.

Für $\Omega = \mathbb{R}^n$, $n \in \mathbb{N}$, betrachten wir die σ-Algebra

$$\mathcal{B}^n = \sigma(\{([a_1, b_1[\times \ldots \times [a_n, b_n[) \cap \mathbb{R}^n;\ -\infty \leq a_i \leq b_i \leq \infty,\ i = 1, \ldots, n\}),$$

wobei $[a_1, b_1[\times \ldots \times [a_n, b_n[:= \emptyset$, falls $a_j \geq b_j$ für mindestens ein $j \in \{1, \ldots, n\}$. Auf dieser σ-Algebra lässt sich nun ein eindeutiges Maß λ^n durch

$$\lambda^n\left(([a_1, b_1[\times \ldots \times [a_n, b_n[) \cap \mathbb{R}^n\right) = \begin{cases} \prod_{i=1}^{n} (b_i - a_i), & \text{falls alle } b_i > a_i, \\ 0, & \text{sonst} \end{cases}$$

festlegen. Dieses Maß heißt *Lebesgue-Borel-Maß*. Die σ-Algebra $\mathcal{B}^n$ wird als *Borelsche σ-Algebra* bezeichnet. Alle für die Praxis wichtigen Teilmengen des $\mathbb{R}^n$ (etwa alle offenen, abgeschlossenen und kompakten Teilmengen) sind in $\mathcal{B}^n$ enthalten. Das Maß λ^n ist unter allen translationsinvarianten Maßen μ auf $\mathcal{B}^n$ das einzige Maß mit $\mu([0, 1[\times \ldots \times [0, 1[) = 1$. Sei nun μ ein Maß auf einer σ-Algebra $\mathcal{S}$ über Ω, so heißt jede Menge $A \in \mathcal{S}$ mit $\mu(A) = 0$ eine μ-*Nullmenge*. Es ist nun naheliegend, jeder Teilmenge $B \subseteq A$ einer μ-Nullmenge ebenfalls das Maß $\mu(B) = 0$ zuzuordnen. Allerdings ist nicht gewährleistet, dass für jedes $B \subseteq A$ auch $B \in \mathcal{S}$ gilt. Das führt zum Begriff der Vervollständigung und des vollständigen Maßes.

Definition 2.47: *Vollständiges Maß, Vervollständigung*

Ein Maß μ auf einer σ-Algebra $\mathcal{S}$ über Ω heißt vollständig, falls jede Teilmenge einer μ-Nullmenge zu $\mathcal{S}$ gehört und damit eine μ-Nullmenge ist. Ist μ nicht vollständig, so heißt die σ-Algebra

$$\mathcal{S}_0 := \{A \cup N;\ A \in \mathcal{S},\ N \text{ Teilmenge einer } \mu\text{-Nullmenge}\}$$

μ-Vervollständigung von $\mathcal{S}$. Mit $\mu_0(A \cup N) := \mu(A)$ ist μ_0 ein vollständiges Maß auf $\mathcal{S}_0$.

Die Mengen der σ-Algebra $\mathcal{B}_0^n$ heißen *Lebesgue-messbare Mengen*. Das Maß λ_0^n auf $\mathcal{B}_0^n$ heißt *Lebesgue-Maß*. Die zugehörigen Nullmengen heißen Lebesguesche Nullmengen.

Betrachtet man eine Funktion $F : \mathbb{R} \to \mathbb{R}$ mit folgenden Eigenschaften:

- F ist monoton steigend,

- F ist stetig von links,

so ist durch

$$\mu^F([a, b[\cap \mathbb{R}) := \begin{cases} F(b) - F(a), & \text{falls } -\infty < a < b < \infty \\ \lim_{b \to \infty} F(b) - F(a), & \text{falls } -\infty < a < b = \infty \\ F(b) - \lim_{a \to -\infty} F(a), & \text{falls } -\infty = a < b < \infty \\ \lim_{b \to \infty} F(b) - \lim_{a \to -\infty} F(a), & \text{falls } -\infty = a, \, b = \infty \\ 0, & \text{falls } a \geq b \end{cases}$$

ein eindeutiges Maß μ^F auf $\mathcal{B}$ definiert. Dieser Sachverhalt führt zu folgender Definition.

Definition 2.48: *Maßerzeugende Funktion*

Eine monoton steigende Funktion $F : \mathbb{R} \to \mathbb{R}$, die stetig von links ist, heißt maßerzeugende Funktion.

Das Maß μ^F heißt *Lebesgue-Borel-Stieltjes-Maß*. Das vollständige Maß μ_0^F auf der μ^F-Vervollständigung $\mathcal{B}_0^F$ von $\mathcal{B}$ heißt Lebesgue-Stieltjes-Maß. Die Mengen $A \in \mathcal{B}_0^F$ heißen Lebesgue-Stieltjes-messbar. Durch analoge Vorgehensweise lassen sich maßerzeugende Funktionen auf $\Omega = \mathbb{R}^n$ definieren. Wir wollen darauf aber nicht näher eingehen.

Definition 2.49: *Messraum, Maßraum*

Ist $\mathcal{S}$ eine σ-Algebra über Ω, so heißt das Paar $(\Omega, \mathcal{S})$ *Messraum*. Ist μ ein Maß auf $\mathcal{S}$, so heißt das Tripel $(\Omega, \mathcal{S}, \mu)$ *Maßraum*.

Nun untersuchen wir spezielle Funktionen zwischen zwei Grundmengen $\Omega_1, \Omega_2 \neq \emptyset$.

Definition 2.50: *Messbare Abbildung*

Seien $(\Omega_1, \mathcal{S}_1)$ und $(\Omega_2, \mathcal{S}_2)$ zwei Messräume.
Eine Abbildung $T : \Omega_1 \to \Omega_2$ mit $T^{-1}(A') := \{x \in \Omega_1; \, T(x) \in A'\} \in \mathcal{S}_1$ für alle $A' \in \mathcal{S}_2$ heißt $\mathcal{S}_1$-$\mathcal{S}_2$-messbar.

Messbare Abbildungen spielen in der Wahrscheinlichkeitstheorie bei der Definition von Zufallsvariablen eine wichtige Rolle. Der folgende Satz zeigt, dass für den Nachweis der Messbarkeit einer Abbildung nicht immer das Urbild $T^{-1}(A')$ für alle Mengen $A' \in \mathcal{S}_2$ untersucht werden muss.

Satz 2.51 *Messbarkeit bei einer erzeugten σ-Algebra*

Seien $(\Omega_1, \mathcal{S}_1)$ und $(\Omega_2, \mathcal{S}_2)$ zwei Messräume, wobei $\mathcal{S}_2 = \sigma(\mathcal{F})$ von einem Mengensystem $\mathcal{F}$ erzeugt ist. Die Abbildung $T : \Omega_1 \to \Omega_2$ ist genau dann $\mathcal{S}_1$-$\mathcal{S}_2$-messbar, falls $T^{-1}(A') \in \mathcal{S}_1$ für alle $A' \in \mathcal{F}$.

Sind drei Messräume $(\Omega_1, \mathcal{S}_1)$, $(\Omega_2, \mathcal{S}_2)$, $(\Omega_3, \mathcal{S}_3)$ und zwei Abbildungen
$T_1 : \Omega_1 \to \Omega_2, T_1$ $\mathcal{S}_1$-$\mathcal{S}_2$-messbar,
$T_2 : \Omega_2 \to \Omega_3, T_2$ $\mathcal{S}_2$-$\mathcal{S}_3$-messbar,
gegeben, so ist die Abbildung
$T_2 \circ T_1 : \Omega_1 \to \Omega_3, \omega \mapsto T_2(T_1(\omega))$, $\mathcal{S}_1$-$\mathcal{S}_3$-messbar.

Satz 2.52 *Bildmaß*

Seien $(\Omega_1, \mathcal{S}_1, \mu_1)$ ein Maßraum, $(\Omega_2, \mathcal{S}_2)$ ein Messraum und $T : \Omega_1 \to \Omega_2$ $\mathcal{S}_1$-$\mathcal{S}_2$-messbar, so ist durch

$$\mu_2(A') := \mu_1\left(T^{-1}(A')\right), \quad A' \in \mathcal{S}_2,$$

ein Maß μ_2 auf $\mathcal{S}_2$ definiert.
Das Maß μ_2 wird als Bildmaß von μ_1 bezeichnet mit der Schreibweise $\mu_2 = T(\mu_1)$.

2.4.2 Der Integralbegriff von Lebesgue

Um Zufallsgrößen analysieren zu können, benötigt man einen Integralbegriff. Daher soll im Folgenden kurz die Integrationstheorie für messbare Abbildungen zusammengefasst werden. Zunächst betrachten wir die Integration einer speziellen Klasse von Funktionen.

Definition 2.53: *elementare Funktion*

Sei $(\Omega, \mathcal{S})$ ein Messraum. Eine $\mathcal{S}$-$\mathcal{B}$-messbare Funktion $e : \Omega \to \mathbb{R}$ heißt elementare Funktion, falls sie nur endlich viele verschiedene Funktionswerte annimmt.

Eine spezielle elementare Funktion ist die Indikatorfunktion

$$I_A : \Omega \to \mathbb{R}, \quad \omega \mapsto \begin{cases} 1, \text{ falls } \omega \in A \\ 0, \text{ sonst} \end{cases},$$

die anzeigt, ob ω Element einer Menge $A \in \mathcal{S}$ ist. Mit Hilfe von Indikatorfunktionen lassen sich die elementaren Funktionen darstellen.

Satz 2.54 *Darstellung elementarer Funktionen*

Sei $(\Omega, \mathcal{S})$ ein Messraum. Ist $e : \Omega \to \mathbb{R}$ eine elementare Funktion, so existieren eine natürliche Zahl n, paarweise disjunkte Mengen $A_1, \ldots, A_n \in \mathcal{S}$ und reelle Zahlen $\alpha_1, \ldots, \alpha_n$ mit:

$$e = \sum_{i=1}^{n} \alpha_i I_{A_i}, \quad \sum_{i=1}^{n} A_i = \Omega.$$

Die eben betrachtete Darstellung von e heißt eine Normaldarstellung von e. Sind alle α_i paarweise verschieden, so spricht man von einer kürzesten Normaldarstellung von e. Kürzeste Normaldarstellungen sind eindeutig. Aus der Normaldarstellung elementarer Funktionen folgt sofort: Summe, Differenz und Produkt elementarer Funktionen sind elementare Funktionen. Für alle $c \in \mathbb{R}$ ist auch $c \cdot e$ eine elementare Funktion, wenn e eine elementare Funktion ist.

Nun betrachten wir nichtnegative elementare Funktionen auf einem Maßraum $(\Omega, \mathcal{S}, \mu)$ und definieren das $(\mu\text{-})$Integral dieser Funktionen.

Definition 2.55: $(\mu\text{-})$Integral nichtnegativer elementarer Funktionen

Sei $(\Omega, \mathcal{S}, \mu)$ ein Maßraum und $e : \Omega \to \mathbb{R}_0^+$, $e = \sum_{i=1}^{n} \alpha_i I_{A_i}$, $\alpha_i \geq 0$, $i = 1, \ldots, n$, eine nichtnegative elementare Funktion in Normaldarstellung, so wird

$$\int e \, d\mu := \int_{\Omega} e \, d\mu := \sum_{i=1}^{n} \alpha_i \cdot \mu(A_i)$$

als $(\mu\text{-})$Integral von e über Ω bezeichnet.

Damit $\int e \, d\mu$ wohldefiniert ist, ist natürlich zu zeigen, dass $\int e \, d\mu$ unabhängig von der Wahl der Normaldarstellung für e ist.

Sei nun E die Menge aller nichtnegativen elementaren Funktionen auf $(\Omega, \mathcal{S}, \mu)$, so erhalten wir eine Abbildung

$$\text{Int} : \ E \to \overline{\mathbb{R}}_0^+, \ e \mapsto \int e \, d\mu.$$

Die folgenden Eigenschaften von Int lassen sich leicht nachweisen:

- $\int I_A \, d\mu = \mu(A)$ für alle $A \in \mathcal{S}$.

- $\int (\alpha e) d\mu = \alpha \int e \, d\mu$ für alle $e \in E$, $\alpha \in \mathbb{R}_0^+$.

- $\int (u + v) d\mu = \int u \, d\mu + \int v \, d\mu$ für alle $u, v \in E$.

- Ist $u(\omega) \leq v(\omega)$ für alle $\omega \in \Omega$, so ist $\int u \, d\mu \leq \int v \, d\mu$ für alle $u, v \in E$.

Wählen wir $\Omega = \mathbb{R}^n$, $\mathcal{S} = \mathcal{B}^n$, $\mu = \lambda^n$ und $f : \Omega \to \mathbb{R}_0^+$, $x \mapsto 0$, so erhalten wir

$$\int f \, d\lambda^n = \int 0 \, d\lambda^n = 0 \cdot \lambda^n(\mathbb{R}^n) = 0 \cdot \infty = 0.$$

Unsere Vereinbarung $0 \cdot \infty = 0$ erlaubt uns somit, das (λ^n-)Integral über die Nullfunktion zu berechnen.

Betrachtet man die Menge $\overline{\mathbb{R}}$ der um $\{\pm\infty\}$ erweiterten reellen Zahlen, so bildet die Menge

$$\bar{\mathcal{B}} := \left\{ A \in \mathscr{P}(\overline{\mathbb{R}}); \ A \cap \mathbb{R} \in \mathcal{B} \right\}$$

eine σ-Algebra über $\overline{\mathbb{R}}$. Um nun den Integralbegriff auf eine größere Klasse von Funktionen fortzusetzen, benötigen wir die folgende Definition.

Definition 2.56: *numerische Funktion*

Eine auf einer nichtleeren Menge $A \subseteq \Omega$ definierte Funktion $f : A \to \overline{\mathbb{R}}$ heißt *numerische Funktion*.

Nun betrachten wir nichtnegative numerische Funktionen, die als Grenzwert einer Folge elementarer Funktionen gegeben sind.

Satz 2.57 *Grenzwerte spezieller Folgen elementarer Funktionen*

Seien $(\Omega, \mathcal{S})$ ein Messraum und $f : \Omega \to \overline{\mathbb{R}}_0^+$ eine nichtnegative, $\mathcal{S}$-$\bar{\mathcal{B}}$-messbare numerische Funktion, so gibt es eine monoton steigende Folge $(e_n)_{n \in \mathbb{N}}$ von nichtnegativen elementaren Funktionen $e_n : \Omega \to \mathbb{R}_0^+$, $n \in \mathbb{N}$, die punktweise gegen f konvergiert. Wir schreiben dafür: $e_n \uparrow f$.

Nach diesen Vorbereitungen sind wir in der Lage, die (μ-)Integration auf eine spezielle Klasse von Funktionen in naheliegender Weise fortzusetzen.

Definition 2.58: *(μ-)Integral für messbare, nichtnegative numerische Funktionen*

Seien $(\Omega, \mathcal{S}, \mu)$ ein Maßraum und $f : \Omega \to \overline{\mathbb{R}}_0^+$ eine $\mathcal{S}$-$\bar{\mathcal{B}}$-messbare, nichtnegative numerische Funktion. Sei ferner $(e_n)_{n \in \mathbb{N}}$ eine monoton steigende Folge nichtnegativer elementarer Funktionen $e_n : \Omega \to \mathbb{R}_0^+$, $n \in \mathbb{N}$, mit $e_n \uparrow f$, so definieren wir durch

$$\int f \, d\mu := \int_\Omega f \, d\mu := \lim_{n \to \infty} \int e_n \, d\mu$$

das (μ-)Integral von f über Ω.

Da die approximierende Folge elementarer Funktionen für f nicht eindeutig ist, muss natürlich erwähnt werden, dass das eben definierte Integral wohldefiniert ist. Wir werden nun in einem letzten Schritt die Klasse der integrierbaren Funktionen erweitern. Dazu dient die folgende Definition.

Definition 2.59:   *Positivteil, Negativteil einer numerischen Funktion*

Seien $(\Omega, \mathcal{S})$ ein Messraum und $f : \Omega \to \overline{\mathbb{R}}$ eine $\mathcal{S}$-$\bar{\mathcal{B}}$-messbare numerische Funktion, so wird die Funktion

$$f^+ : \Omega \to \overline{\mathbb{R}}_0^+, \; \omega \mapsto \left\{ \begin{array}{ll} f(\omega), & \text{falls } f(\omega) \geq 0 \\ 0, & \text{sonst} \end{array} \right.$$

Positivteil von f und die Funktion

$$f^- : \Omega \to \overline{\mathbb{R}}_0^+, \; \omega \mapsto \left\{ \begin{array}{ll} -f(\omega), & \text{falls } f(\omega) \leq 0 \\ 0, & \text{sonst} \end{array} \right.$$

Negativteil von f genannt.

Die folgenden Eigenschaften von f^+ und f^- sind unmittelbar einzusehen:

- $f^+(\omega) \geq 0$, $f^-(\omega) \geq 0$ für alle $\omega \in \Omega$.

- f^+ und f^- sind $\mathcal{S}$-$\bar{\mathcal{B}}$-messbare numerische Funktionen.

- $f = f^+ - f^-$.

Mit Hilfe des Positiv- und Negativteils einer messbaren numerischen Funktion $f : \Omega \to \overline{\mathbb{R}}$ können wir das (μ-)Integral auf messbare numerische Funktionen erweitern.

Definition 2.60:   (μ-)*integrierbar,* (μ-)*quasiintegrierbar,* (μ-)*Integral*

Seien $(\Omega, \mathcal{S}, \mu)$ ein Maßraum und $f : \Omega \to \overline{\mathbb{R}}$ eine $\mathcal{S}$-$\bar{\mathcal{B}}$-messbare numerische Funktion.
f heißt (μ-)*integrierbar,* falls $\int f^+ \, d\mu < \infty$ und $\int f^- \, d\mu < \infty$.
f heißt (μ-)*quasiintegrierbar,* falls $\int f^+ \, d\mu < \infty$ oder $\int f^- \, d\mu < \infty$.
Ist f (μ-)quasiintegrierbar, so ist durch

$$\int f \, d\mu := \int_{\Omega} f \, d\mu := \int f^+ \, d\mu - \int f^- \, d\mu$$

das (μ-)*Integral* von f über Ω definiert.

Als (μ-)Integral über einer Menge $A \in \mathcal{S}$ definieren wir für (μ-)quasiintegrierbares $f \cdot I_A$:

$$\int_A f \, d\mu := \int f \cdot I_A \, d\mu.$$

Betrachtet man speziell den Maßraum $(\mathbb{R}^n, \mathcal{B}^n, \lambda^n)$, so wird das ($\lambda^n$-)Integral als Lebesgue-Integral bezeichnet. Ist f (λ^n-)integrierbar, so heißt f Lebesgue-integrierbar. Ist ein Maß μ^F durch eine maßerzeugende Funktion $F : \mathbb{R}^n \to \mathbb{R}$ gegeben, so wird das (μ^F-)Integral als Lebesgue-Stieltjes-Integral bezeichnet und in der Form

$$\int f \, dF := \int f \, d\mu^F$$

geschrieben. Lebesgue-Stieltjes-Integrale besitzen die wichtige Eigenschaft, dass sie häufig durch Riemann-Integrale berechnet werden können.

2.4.3 Wahrscheinlichkeitsräume und Zufallsvariablen

In der Wahrscheinlichkeitstheorie werden Methoden zur Beschreibung und Analyse von Zufallsexperimenten (Experimente mit nicht vorhersehbarem Ausgang) bereitgestellt (für Details sei auf [1, 2, 19, 23] verwiesen). Der umgangssprachliche Begriff „Zufallsexperiment" wird durch einen Maßraum $(\Omega, \mathcal{S}, P)$ mit der Eigenschaft $P(\Omega) = 1$ mathematisch präzisiert. Wir definieren daher:

Definition 2.61: *Wahrscheinlichkeitsraum, Wahrscheinlichkeitsmaß, Ereignis*

Ein Maßraum $(\Omega, \mathcal{S}, P)$ mit $P(\Omega) = 1$ wird als Wahrscheinlichkeitsraum bezeichnet. Die Punkte $\omega \in \Omega$ heißen Ergebnisse, die Mengen $A \in \mathcal{S}$ Ereignisse. Das Maß P wird als Wahrscheinlichkeitsmaß bezeichnet. Für alle Ereignisse A wird $P(A)$ die Wahrscheinlichkeit von A genannt.

Wir werden im Folgenden davon ausgehen, dass ein Zufallsexperiment durch einen Wahrscheinlichkeitsraum $(\Omega, \mathcal{S}, P)$ gegeben ist. Es ist in der Praxis oft nicht leicht, ein verbal formuliertes Zufallsexperiment durch einen Wahrscheinlichkeitsraum zu modellieren – insbesondere dann, wenn das Experiment ungenau formuliert ist. Die Elemente der Menge Ω stellen die möglichen Ergebnisse des Zufallsexperimentes dar.

Beispiel 12: *„Scheibenschießen"*

Wir betrachten das Schießen mit einem Gewehr auf eine kreisförmige Schießscheibe mit dem Radius $r = \frac{1}{\sqrt{\pi}}$ und dem Mittelpunkt $m = (0,0)^\top$. Wir nehmen an, dass bei jedem Schuss die Scheibe getroffen wird. Als Ergebnis eines Schusses erhalten wir einen Punkt

$$\omega = (\omega^1, \omega^2)^\top \in \Omega := K_{\frac{1}{\sqrt{\pi}},0} := \{x \in \mathbb{R}^2; \|x\|_2 \leq \frac{1}{\sqrt{\pi}}\}.$$

Wir wählen $\mathcal{S} := \{A \cap K_{\frac{1}{\sqrt{\pi}},0}; A \in \mathcal{B}^2\}$ als σ-Algebra und $P = \lambda^2|_{\mathcal{S}}$ als Wahrscheinlichkeitsmaß auf $\mathcal{S}$. Da der Schütze bei jedem Schuss umso mehr Punkte (Ringe) erhält, je kleiner der Abstand seines Schusses zum Mittelpunkt der Schießscheibe ist, interessiert als Ergebnis in erster Linie dieser Abstand zum Mittelpunkt.
Man betrachtet also eine Funktion

$$d: \Omega \to [0, \frac{1}{\sqrt{\pi}}] =: \Omega', \ \omega \mapsto \|\omega\|_2.$$

Kann man nun mit Hilfe der Funktion d und des Wahrscheinlichkeitsraumes $(\Omega, \mathcal{S}, P)$ jeder Menge $A \in \mathcal{S}' := \{B \cap [0, \frac{1}{\sqrt{\pi}}]; B \in \mathcal{B}\}$ eine Wahrscheinlichkeit zuordnen? Dies ist genau dann möglich, wenn d $\mathcal{S}$-$\mathcal{S}'$-messbar ist.

Definition 2.62:   *(n-dimensionale reelle, numerische) Zufallsvariable*

Seien $(\Omega, \mathcal{S}, P)$ ein Wahrscheinlichkeitsraum und $(\Omega', \mathcal{S}')$ ein Messraum, dann heißt eine $\mathcal{S}$-$\mathcal{S}'$-messbare Funktion $X : \Omega \to \Omega'$ Zufallsvariable.
Ist $\Omega' = \mathbb{R}^n$, $n \in \mathbb{N}$, und $\mathcal{S}' = \mathcal{B}^n$, so wird X als n-dimensionale reelle Zufallsvariable bezeichnet. Ist $\Omega' = \overline{\mathbb{R}}$ und $\mathcal{S}' = \overline{\mathcal{B}}$, so wird X als numerische Zufallsvariable bezeichnet. Eine eindimensionale reelle Zufallsvariable wird reelle Zufallsvariable genannt.

Als geeignetes Wahrscheinlichkeitsmaß P' auf $\mathcal{S}'$ ergibt sich das Bildmaß von X. Somit erhalten wir für unser obiges Beispiel $P'(A') = P(d^{-1}(A'))$ für alle $A' \in \mathcal{S}'$. Die Tatsache, dass $\lambda^2(\{\omega\}) = 0$ für alle $\omega \in K_{\frac{1}{\sqrt{\pi}},0}$, verdeutlicht den Sinn der Verwendung von Ereignissen $A \in \mathcal{S}$.

Definition 2.63:   *Verteilung einer Zufallsvariablen, Bildmaß*

Seien $(\Omega, \mathcal{S}, P)$ ein Wahrscheinlichkeitsraum, $(\Omega', \mathcal{S}')$ ein Messraum und $X : \Omega \to \Omega'$ eine Zufallsvariable, dann wird das Bildmaß P_X von X Verteilung von X genannt.

Nach unserer Interpretation von Wahrscheinlichkeitsräumen ist der Wert $X(\omega)$ einer Zufallsvariablen an der Stelle ω vom Ergebnis eines Zufallsexperimentes abhängig. Wir fragen danach, welcher Wert von X „zu erwarten" ist.

Definition 2.64:   *Erwartungswert einer numerischen Zufallsvariablen*

Seien $(\Omega, \mathcal{S}, P)$ ein Wahrscheinlichkeitsraum und X eine $(P$-$)$quasiintegrierbare numerische Zufallsvariable $X : \Omega \to \overline{\mathbb{R}}$, dann wird durch

$$\mathbf{E}(X) := \int X \, dP$$

der Erwartungswert von X definiert.

Den Erwartungswert einer n-dimensionalen reellen Zufallsvariablen definiert man durch komponentenweise Bildung des Erwartungswertes.

Um eine Vorstellung vom Begriff des Erwartungswertes zu bekommen, betrachten wir die folgende reelle Zufallsvariable auf $(\Omega, \mathcal{S}, P)$: Seien $A_1, \ldots, A_n$ paarweise disjunkte Mengen aus $\mathcal{S}$ mit $\sum\limits_{i=1}^{n} A_i = \Omega$ und $\alpha_1, \ldots, \alpha_n$ nichtnegative reelle Zahlen, dann ist

$$X : \Omega \to \mathbb{R}, \ \omega \mapsto \sum_{i=1}^{n} \alpha_i I_{A_i}(\omega)$$

eine reelle Zufallsvariable. Für den Erwartungswert von X erhalten wir

$$\mathbf{E}(X) = \sum_{i=1}^{n} \alpha_i P(A_i).$$

Der Erwartungswert ist in diesem Fall also eine gewichtete Summe der möglichen Werte von X, wobei die Gewichte gerade die Wahrscheinlichkeiten für das Auftreten dieser Werte sind. Gilt $P(A_i) = \frac{1}{n}$ für alle $i = 1, \ldots, n$, so erhalten wir als Erwartungswert das arithmetische Mittel der Werte von X.

Ist eine reelle Zufallsvariable $(P\text{-})$integrierbar, so lässt sich der Erwartungswert von X auch mit Hilfe des Bildmaßes P_X berechnen:

$$\mathbf{E}(X) = \int x \, dP_X(x) := \int f \, dP_X \quad \text{mit } f : \mathbb{R} \to \mathbb{R}, \, x \mapsto x.$$

Da wir auch an Erwartungswerten von speziellen Funktionen von X interessiert sind, benötigen wir den folgenden Satz.

Satz 2.65 *Messbarkeit stetiger Funktionen reeller Zufallsvariablen*

Seien X eine reelle Zufallsvariable definiert auf dem Wahrscheinlichkeitsraum $(\Omega, \mathcal{S}, P)$ und $g : \mathbb{R} \to \mathbb{R}$ eine stetige Funktion, dann ist $g \circ X : \Omega \to \mathbb{R}, \, \omega \to g(X(\omega))$ eine reelle Zufallsvariable auf $(\Omega, \mathcal{S}, P)$.

Somit folgt sofort, dass für eine reelle Zufallsvariable X auf $(\Omega, \mathcal{S}, P)$ und für jedes $k \in \mathbb{N}$ und jedes $\alpha \in \mathbb{R}$ auch $(X - \alpha)^k$ und $|X - \alpha|^k$ reelle Zufallsvariablen auf $(\Omega, \mathcal{S}, P)$ sind. Dies ermöglicht die folgende Definition.

Definition 2.66: *zentrierte (absolute) Momente k-ter Ordnung*

Sei X eine auf dem Wahrscheinlichkeitsraum $(\Omega, \mathcal{S}, P)$ definierte reelle Zufallsvariable, dann heißt $\mathbf{E}\left(|X - \alpha|^k\right)$, $k \in \mathbb{N}$, das in α zentrierte absolute Moment k-ter Ordnung von X. Ist $(X - \alpha)^k$ $(P\text{-})$quasiintegrierbar, so heißt $\mathbf{E}\left((X - \alpha)^k\right)$ das in α zentrierte Moment k-ter Ordnung. Ist $\alpha = 0$, so spricht man nur von absoluten Momenten bzw. Momenten k-ter Ordnung.

Besonders interessant ist der Fall $k = 2$.

Definition 2.67: *Varianz einer reellen Zufallsvariablen*

Sei X eine auf dem Wahrscheinlichkeitsraum $(\Omega, \mathcal{S}, P)$ definierte, $(P\text{-})$integrierbare reelle Zufallsvariable, dann heißt

$$\mathbf{Var}(X) := \int \left(X - \mathbf{E}(X)\right)^2 \, dP$$

die Varianz von X.
Die Zahl $\sigma = \sqrt{\mathbf{Var}(X)}$ wird als Streuung oder Standardabweichung von X bezeichnet.

Oft schreibt man σ^2 für $\mathbf{Var}(X)$. Die Varianz ist ein Maß für die zu erwartende Abweichung von X und $\mathbf{E}(X)$.

Lemma 2.68 *Standardisierung*

Sei X eine auf dem Wahrscheinlichkeitsraum $(\Omega, \mathcal{S}, P)$ definierte, $(P\text{-})$integrierbare reelle Zufallsvariable mit Streuung $0 < \sigma < \infty$. Dann ist

$$Y := \frac{X - \mathbf{E}(X)}{\sigma}$$

eine Zufallsvariable mit Erwartungswert $\mathbf{E}(Y) = 0$ und Varianz $\mathbf{Var}(Y) = 1$.

Den Übergang von X zu Y bezeichnet man als „Standardisierung" von X.

2.4.4   Charakterisierung von Verteilungen

Im Folgenden betrachten wir einige wichtige Begriffe der elementaren Wahrscheinlichkeitstheorie. Ausgangspunkt ist der Wahrscheinlichkeitsraum $(\Omega, \mathcal{S}, P)$ und zwei Mengen $A, B \in \mathcal{S}$ mit $P(B) > 0$. Auf $\mathcal{S}$ definieren wir nun ein Wahrscheinlichkeitsmaß $P^B : \mathcal{S} \to [0, 1]$ durch $A \mapsto \frac{P(A \cap B)}{P(B)}$. Durch den Übergang von P zu P^B erhält die Menge B das Wahrscheinlichkeitsmaß 1. Wir interpretieren $P^B(A)$ als die Wahrscheinlichkeit von A unter der Bedingung, dass das Ereignis B $(P^B\text{-})$fast sicher eintrifft. Dies führt zur Definition der bedingten Wahrscheinlichkeit.

Definition 2.69: *bedingte Wahrscheinlichkeit*

Sei $(\Omega, \mathcal{S}, P)$ ein Wahrscheinlichkeitsraum und $A, B \in \mathcal{S}$ mit $P(B) > 0$. Dann heißt

$$P(A|B) := \frac{P(A \cap B)}{P(B)}$$

die (bedingte) Wahrscheinlichkeit von A unter der Bedingung B.

Satz 2.70 *Formel von der totalen Wahrscheinlichkeit, Satz von Bayes*

Sei $(\Omega, \mathcal{S}, P)$ ein Wahrscheinlichkeitsraum und $\{D_i \subset \Omega;\ i \in \mathbb{N}\}$ eine Partition[5] von Ω, so dass $D_i \in \mathcal{S}$ und $P(D_i) > 0$ für alle $i \in \mathbb{N}$.

(i) Es gilt die „Formel von der totalen Wahrscheinlichkeit":

$$P(A) = \sum_{i=1}^{\infty} P(D_i) \cdot P(A|D_i), \quad \text{für alle } A \in \mathcal{S}.$$

(ii) Ist $A \in \mathcal{S}$ mit $P(A) > 0$, so gilt

$$P(D_i|A) = \frac{P(A|D_i) \cdot P(D_i)}{P(A)}, \quad \text{für alle } i \in \mathbb{N}.$$

(iii) Es gilt der „Satz von Bayes":

$$P(D_i|A) = \frac{P(A|D_i) \cdot P(D_i)}{\sum\limits_{j=1}^{\infty} P(D_j) \cdot P(A|D_j)}, \quad \text{für alle } i \in \mathbb{N}.$$

Analoge Formeln ergeben sich natürlich für eine endliche Partition $\{D_i \subset \Omega;\ i = 1, \ldots, n\}$ von Ω.

Es soll nun die Frage untersucht werden, unter welchen Voraussetzungen ein Wahrscheinlichkeitsmaß P in der folgenden Art und Weise durch ein Maß μ dargestellt werden kann.

Definition 2.71: *Dichte*

Sei $(\Omega, \mathcal{S}, P)$ ein Wahrscheinlichkeitsraum und μ ein Maß auf $\mathcal{S}$. Wenn eine nichtnegative, $\mathcal{S}$-$\bar{\mathcal{B}}$-messbare numerische Funktion $f : \Omega \to \overline{\mathbb{R}}$ existiert mit

$$P(A) = \int_A f\, d\mu, \quad \text{für alle } A \in \mathcal{S},$$

so heißt f eine Dichte(funktion) des Wahrscheinlichkeitsmaßes P bezüglich μ. Man sagt auch, dass P bezüglich μ eine Dichte f besitzt.

Satz 2.72 *Beziehung zwischen (P-) und (μ-)Nullmengen*

Seien $(\Omega, \mathcal{S}, P)$ ein Wahrscheinlichkeitsraum, μ ein Maß auf $\mathcal{S}$ und f eine Dichte von P bezüglich μ, dann gilt für alle $A \in \mathcal{S}$ mit $\mu(A) = 0$: $P(A) = 0$.

Die folgende Definition resultiert aus dem eben betrachteten Satz.

---

[5] $\{D_i \subset \Omega;\ i \in \mathbb{N}\}$ heißt eine *Partition* von Ω, falls die Mengen D_i paarweise disjunkt sind und $\Omega = \bigcup\limits_{i=1}^{\infty} D_i$.

Definition 2.73: *absolute Stetigkeit von P bezüglich μ*

Seien $(\Omega, \mathcal{S}, P)$ ein Wahrscheinlichkeitsraum und μ ein Maß auf $\mathcal{S}$. P heißt absolutstetig bezüglich μ, falls für alle $A \in \mathcal{S}$ mit $\mu(A) = 0$ gilt: $P(A) = 0$.

Wie der folgende Satz zeigt, ist die absolute Stetigkeit bezüglich eines σ-endlichen Maßes μ das entscheidende Kriterium für die Existenz einer Dichte.

Satz 2.74 *Radon-Nikodym*

Seien $(\Omega, \mathcal{S}, P)$ ein Wahrscheinlichkeitsraum und μ ein σ-endliches Maß auf $\mathcal{S}$, dann besitzt P genau dann eine Dichte bezüglich μ, wenn P absolutstetig bezüglich μ ist.

Nun betrachten wir eine spezielle Klasse von Wahrscheinlichkeitsmaßen. Mit $|A|$ wird die Anzahl der Elemente (Mächtigkeit) von A bezeichnet.

Definition 2.75: *diskretes Wahrscheinlichkeitsmaß, diskrete Zufallsvariable*

Sei $(\mathbb{R}^n, \mathcal{B}^n, P)$, $n \in \mathbb{N}$, ein Wahrscheinlichkeitsraum. Das Wahrscheinlichkeitsmaß P heißt diskret, falls eine Menge $B \in \mathcal{B}^n$ mit $|B| \leq |\mathbb{N}|$ und $P(B) = 1$ existiert. Eine m-dimensionale reelle Zufallsvariable X definiert auf $(\mathbb{R}^n, \mathcal{B}^n, P)$, $m \in \mathbb{N}$, heißt diskret, falls das Bildmaß P_X von X ein diskretes Wahrscheinlichkeitsmaß auf $(\mathbb{R}^m, \mathcal{B}^m)$ ist.

Da für $m = n$ das Bildmaß P_X der Zufallsvariablen $X : \mathbb{R}^n \to \mathbb{R}^n$, $x \mapsto x$, gleich P ist, wird oft der Begriff Verteilung statt Wahrscheinlichkeitsmaß verwendet. Um nun mit Hilfe des Satzes von Radon-Nikodym diskrete Verteilungen (Wahrscheinlichkeitsmaße) durch Dichtefunktionen darstellen zu können, benötigen wir ein spezielles Maß.

Definition 2.76: *Zählmaß*

Das auf einer σ-Algebra $\mathcal{S}$ über Ω definierte Maß

$$\zeta : \mathcal{S} \to \overline{\mathbb{R}},\ A \mapsto \begin{cases} |A|, & \text{falls } |A| \text{ endlich ist} \\ \infty, & \text{sonst} \end{cases}$$

wird als das Zählmaß auf $\mathcal{S}$ bezeichnet.

Sei nun $(\mathbb{R}^n, \mathcal{B}^n, P)$ ein Wahrscheinlichkeitsraum und P eine diskrete Verteilung auf $\mathcal{B}^n$ mit $P(B) = 1$ für ein $B \in \mathcal{B}^n$ und $|B| \leq |\mathbb{N}|$, dann gilt für alle $C \in \mathcal{B}^n$:

$$P(C) = P(C \cap B) + P(C \cap B^c) = P(C \cap B).$$

Somit genügt es, den Wahrscheinlichkeitsraum $(B, \mathcal{B}_B^n, P)$ mit $\mathcal{B}_B^n := \{C \cap B;\ C \in \mathcal{B}^n\} = \mathscr{P}(B)$ zu betrachten. Da ζ ein σ-endliches Maß auf $\mathscr{P}(B)$ ist und $\zeta(A) = 0$ genau dann gilt, wenn $A = \emptyset$, ist jedes Wahrscheinlichkeitsmaß auf $\mathscr{P}(B)$ absolutstetig bezüglich ζ. Somit existiert zu jedem Wahrscheinlichkeitsmaß P auf $\mathscr{P}(B)$ eine Dichte $f : B \to \mathbb{R}_0^+$ mit

$$P(A) = \int_A f \, d\zeta = \sum_{\omega \in A} f(\omega) = \sum_{\omega \in A} P(\{\omega\}) \text{ für alle } A \in \mathscr{P}(B).$$

Es läßt sich also jede diskrete Verteilung auf $\mathcal{B}^n$ durch eine Folge $(p_j)_{j \in \mathbb{N}_0}$ nichtnegativer reeller Zahlen mit $\sum_{j=0}^{\infty} p_j = 1$ darstellen.

Definition 2.77: *spezielle diskrete Verteilungen*

Sei $(\mathbb{R}, \mathcal{B}, P)$ ein Wahrscheinlichkeitsraum mit einem diskreten Wahrscheinlichkeitsmaß P und $P(\mathbb{N}_0) = 1$.

(i) **Poisson-Verteilung:**
Ist

$$P(\{j\}) = p_j = e^{-\lambda} \frac{\lambda^j}{j>}, \quad j \in \mathbb{N}_0, \lambda > 0,$$

so spricht man von einer Poisson[6]-Verteilung mit Parameter λ.

(ii) **Gleichverteilung und Laplace-Experiment:**
Ist

$$P(\{j\}) = p_j = \frac{1}{k+1}, \quad \text{für } j = 0, \ldots, k, \text{ und } p_j = 0 \text{ für } j > k, \, k \in \mathbb{N}_0,$$

so wird diese Verteilung Gleichverteilung genannt. Ein Zufallsexperiment, das durch einen Wahrscheinlichkeitsraum mit Gleichverteilung repräsentiert wird, heißt Laplace[7]-Experiment.

(iii) **Binomial-Verteilung und Bernoulli-Experiment:**
Wählt man $p \in \mathbb{R}$, $0 < p < 1$, und $B = \{0, 1, 2, \ldots, s\}$, $s \in \mathbb{N}$, so wird (mit $\binom{s}{j} := \frac{s>}{(s-j)>j>}$) die durch

$$P(\{j\}) = p_j = \binom{s}{j} p^j (1-p)^{s-j} \quad \text{für } j = 0, \ldots, s, \text{ und } p_j = 0 \text{ für } j > s,$$

gegebene Verteilung Binomial-Verteilung $B(s, p)$ mit Parameter s, p genannt. Ein Zufallsexperiment, das durch einen Wahrscheinlichkeitsraum mit Binomial-Verteilung mit Parameter s, p repräsentiert wird, heißt Bernoulli[8]-Experiment mit Parameter s, p.

---

[6]nach D. Poisson (1781–1840)
[7]nach P. S. de Laplace (1749–1827)
[8]nach J. Bernoulli (1654–1705)

(iv) Eine auf einem Wahrscheinlichkeitsraum $(\Omega, \mathcal{S}, \hat{P})$ definierte reelle Zufallsvariable X heißt poissonverteilt / gleichverteilt / binomialverteilt, wenn das Bildmaß $P = \hat{P}_X$ poissonverteilt / gleichverteilt / binomialverteilt ist.

Ein Bernoulli-Experiment kann folgendermaßen interpretiert werden: Man betrachtet ein Zufallsexperiment, bei dem es nur zwei mögliche Ergebnisse gibt, nämlich mit Wahrscheinlichkeit p das Ergebnis „T" (Treffer) und mit Wahrscheinlichkeit $(1-p)$ das Ergebnis „N" (Niete). Dieses Experiment führen wir s-mal durch, ohne dass sich die Ergebnisse gegenseitig beeinflussen. Die Wahrscheinlichkeit, dass nach diesen s Versuchen genau j Treffer auftreten, ist gegeben durch $\binom{s}{j} p^j (1-p)^{s-j}$, $0 \leq j \leq s$, $s \in \mathbb{N}$. Somit wird die s-malige Durchführung unseres Experimentes durch ein Bernoulli-Experiment beschrieben, falls die Ergebnisse sich nicht gegenseitig beeinflussen. Für sehr große s und sehr kleine p ist es möglich, eine Binomial-Verteilung durch die wesentlich einfacher zu berechnende Poisson-Verteilung mit Parameter $\lambda = s \cdot p$ zu approximieren.

Nun betrachten wir die folgende naheliegende Definition.

Definition 2.78:   *absolutstetige Zufallsvariable*

Sei $(\mathbb{R}^n, \mathcal{B}^n, P)$, $n \in \mathbb{N}$, ein Wahrscheinlichkeitsraum. Eine m-dimensionale reelle Zufallsvariable X definiert auf $(\mathbb{R}^n, \mathcal{B}^n, P)$, $m \in \mathbb{N}$, heißt absolutstetig, falls das Bildmaß P_X von X ein absolutstetiges Wahrscheinlichkeitsmaß auf $\mathcal{B}^m$ bezüglich λ^m ist.

Nach dem Satz von Radon-Nikodym ist P_X genau dann absolutstetig bezüglich λ^m, wenn P_X eine Dichte bezüglich λ^m besitzt. Mit Hilfe der beiden nächsten Definitionen ist es möglich, alle Wahrscheinlichkeitsmaße auf $\mathcal{B}$ zu klassifizieren.

Definition 2.79:   *Verteilungsfunktion*

Sei $(\mathbb{R}^n, \mathcal{B}^n, P)$, $n \in \mathbb{N}$, ein Wahrscheinlichkeitsraum. Die Funktion

$$F : \mathbb{R}^n \to [0,1], \ (x_1, \ldots, x_n)^\top \mapsto P(]-\infty, x_1[\times \ldots \times]-\infty, x_n[)$$

wird als Verteilungsfunktion von P bezeichnet. Die Verteilungsfunktion des Bildmaßes P_X einer m-dimensionalen reellen Zufallsvariable $X : \mathbb{R}^n \to \mathbb{R}^m$, $m \in \mathbb{N}$, wird auch Verteilungsfunktion von X genannt.

Definition 2.80:   *stetiges Wahrscheinlichkeitsmaß, stetige Zufallsvariable*

Sei $(\mathbb{R}^n, \mathcal{B}^n, P)$, $n \in \mathbb{N}$, ein Wahrscheinlichkeitsraum. Das Wahrscheinlichkeitsmaß (die Verteilung) P heißt stetig, falls die Verteilungsfunktion von P stetig ist. Eine m-dimensionale reelle Zufallsvariable X definiert auf $(\mathbb{R}^n, \mathcal{B}^n, P)$, $n \in \mathbb{N}$, $m \in \mathbb{N}$, heißt stetig, falls die Verteilungsfunktion von X stetig ist.

Die Verteilungsfunktion einer diskreten Verteilung ist eine Treppenfunktion und damit nicht stetig. Die Verteilungsfunktion einer bezüglich λ^n absolutstetigen Verteilung auf $\mathcal{B}^n$ ist stetig (für $n = 1$ sogar absolut stetig im topologischen Sinne). Die Umkehrung gilt aber nicht, da es stetige Wahrscheinlichkeitsmaße P gibt, die nicht absolutstetig bezüglich λ^n sind. Diese Wahrscheinlichkeitsmaße werden singulär genannt.

Definition 2.81:   *singuläres Wahrscheinlichkeitsmaß*

Sei $(\mathbb{R}^n, \mathcal{B}^n, P)$, $n \in \mathbb{N}$, ein Wahrscheinlichkeitsraum. Das Wahrscheinlichkeitsmaß (die Verteilung) P heißt singulär bezüglich λ^n, wenn eine Menge $N \in \mathcal{B}^n$ existiert mit $\lambda^n(N) = 0$ und $P(N) = 1$.

Nun sind wir in der Lage, die Verteilungsfunktion einer reellen Zufallsvariable in drei Komponenten zu zerlegen.

Satz 2.82   *Zerlegungssatz von Lebesgue*

Sei X eine reelle Zufallsvariable mit Verteilungsfunktion F, die auf einem Wahrscheinlichkeitsraum $(\mathbb{R}, \mathcal{B}, P)$ definiert ist, dann gibt es nichtnegative reelle Zahlen a_1, a_2, a_3 mit $a_1 + a_2 + a_3 = 1$ und drei Funktionen $F_i : \mathbb{R} \to \mathbb{R}$, $i = 1, 2, 3$, mit:

- $F = a_1 F_1 + a_2 F_2 + a_3 F_3$.

- F_1 ist Verteilungsfunktion einer diskreten Zufallsvariable auf $(\mathbb{R}, \mathcal{B}, P)$, F_2 ist Verteilungsfunktion einer bezüglich λ absolutstetigen reellen Zufallsvariable auf $(\mathbb{R}, \mathcal{B}, P)$ und F_3 ist Verteilungsfunktion einer stetigen reellen Zufallsvariable auf $(\mathbb{R}, \mathcal{B}, P)$, deren Bildmaß singulär bezüglich λ ist.

Riemann-Integration

Ist P_1 ein bezüglich λ absolutstetiges Wahrscheinlichkeitsmaß auf $(\mathbb{R}, \mathcal{B})$, so existiert eine Dichte f mit

$$P_1(A) = \int_A f \, d\lambda, \ A \in \mathcal{B}.$$

Die Funktion f ist in einem Intervall $[a, b]$, $a < b$, Riemann-integrierbar, falls sie auf diesem Intervall beschränkt ist und die Menge der Unstetigkeitsstellen von f auf $[a, b]$ das Lebesgue-Maß Null hat. Sind diese Voraussetzungen an f erfüllt, so können wir für jede $(P_1\text{-})$integrierbare Funktion $g : [a, b] \to \mathbb{R}$ das $(P_1\text{-})$Integral von g über dem Intervall $[a, b]$ durch ein Riemann-Integral berechnen, falls $g \cdot f$ Riemann-integrierbar über $[a, b]$ ist:

$$\int_{[a,b]} g \, dP_1 = \int_{[a,b]} g \cdot f \, d\lambda = \int_a^b g(x) \cdot f(x) \, dx.$$

Definition 2.83:   *Dichtefunktion*

Sei $d : \mathbb{R}^n \to \mathbb{R}$, $n \in \mathbb{N}$, eine stetige Funktion mit folgenden Eigenschaften:

- $d(x) \geq 0$ für alle $x \in \mathbb{R}^n$,

- $\int\limits_{\mathbb{R}^n} d(x)\, dx = \int\limits_{-\infty}^{\infty} \dots \int\limits_{-\infty}^{\infty} d(x)\, dx_1 \dots dx_n = 1$,

dann ist auch $\int d\, d\lambda^n = 1$ und wir können die Funktion d als Dichte eines Wahrscheinlichkeitsmaßes bezüglich λ^n auffassen.

Nun betrachten wir für jeden Vektor $\mu \in \mathbb{R}^n$ und für jede positiv definite Matrix $\Sigma \in \mathbb{R}^{n,n}$ die Funktion

$$\nu_{\mu,\Sigma} : \mathbb{R}^n \to \mathbb{R},\ x \mapsto \frac{1}{\sqrt{(2\pi)^n \det(\Sigma)}} \cdot \exp\left(-\frac{(x-\mu)^T \Sigma^{-1}(x-\mu)}{2}\right).$$

Offensichtlich ist $\nu_{\mu,\Sigma}(x) > 0$ für alle $\mu, x \in \mathbb{R}^n$, $\Sigma \in \mathbb{R}^{n,n}$, Σ positiv definit.
Aus der Analysis (Substitutionsregel, Satz von Fubini) ist das Folgende bekannt:

$$\int\limits_{\mathbb{R}^n} \exp\left(-\frac{(x-\mu)^T \Sigma^{-1}(x-\mu)}{2}\right) dx = \sqrt{(2\pi)^n \det(\Sigma)}$$

für alle $\mu \in \mathbb{R}^n$, $\Sigma \in \mathbb{R}^{n,n}$, Σ positiv definit. Somit können wir $\nu_{\mu,\Sigma}$ als Dichte eines Wahrscheinlichkeitsmaßes bezüglich λ^n auffassen.

Definition 2.84:   *Normalverteilung*

Seien $(\Omega, \mathcal{S}, P)$ ein Wahrscheinlichkeitsraum, $\mu \in \mathbb{R}^n$, $n \in \mathbb{N}$, und $\Sigma \in \mathbb{R}^{n,n}$, Σ positiv definit. Die Zufallsvariable $X_{\mu,\Sigma} : \Omega \to \mathbb{R}^n$ heißt $\mathcal{N}(\mu, \Sigma)$ normalverteilt, falls ihr Bildmaß $P_{X_{\mu,\Sigma}}$ bezüglich λ^n die folgende Dichte besitzt:

$$\nu_{\mu,\Sigma} : \mathbb{R}^n \to \mathbb{R},\ x \mapsto \frac{1}{\sqrt{(2\pi)^n \det(\Sigma)}} \cdot \exp\left(-\frac{(x-\mu)^T \Sigma^{-1}(x-\mu)}{2}\right).$$

Um die Parameter μ und Σ einer Normalverteilung interpretieren zu können, benötigen wir die folgende Definition.

Definition 2.85:   *Covarianz, unkorreliert, Korrelationskoeffizient*

Seien $(\Omega, \mathcal{S}, P)$ ein Wahrscheinlichkeitsraum und $X : \Omega \to \mathbb{R}$, $Y : \Omega \to \mathbb{R}$ zwei reelle, $(P\text{-})$integrierbare Zufallsvariable mit $(P\text{-})$integrierbarem Produkt $X \cdot Y$.

(i) Dann heißt

$$\mathbf{Cov}\,(X, Y) := \mathbf{E}\left((X - \mathbf{E}\,(X)) \cdot (Y - \mathbf{E}\,(Y))\right) = \mathbf{E}\,(X \cdot Y) - \mathbf{E}\,(X) \cdot \mathbf{E}\,(Y)$$

die Covarianz von X und $Y \cdot X$ und Y heißen unkorreliert, falls $\mathbf{Cov}\,(X, Y) = 0$.

(ii) Besitzen die Zufallsvariablen X bzw. Y zudem endliche Varianzen $\mathbf{Var}\,(X) > 0$ bzw. $\mathbf{Var}\,(Y) > 0$, so wird die Größe

$$\rho(X, Y) := \frac{\mathbf{Cov}\,(X, Y)}{\sqrt{\mathbf{Var}\,(X) \cdot \mathbf{Var}\,(Y)}}$$

Korrelationskoffizient von X und Y genannt.

Normalverteilte Zufallsvariablen spielen in der Wahrscheinlichkeitstheorie eine bedeutende Rolle, auf die wir im Zusammenhang mit dem zentralen Grenzwertsatz[9] noch zu sprechen kommen. Zunächst fassen wir einige Eigenschaften einer $\mathcal{N}(\mu, \Sigma)$ normalverteilten Zufallsvariablen $X_{\mu, \Sigma}$ zusammen. Dazu fassen wir die Funktion $X_{\mu, \Sigma} : \Omega \to \mathbb{R}^n$ als Abbildung

$$\omega \mapsto \left(X_{\mu, \Sigma}^1(\omega), \ldots, X_{\mu, \Sigma}^n(\omega)\right)^\top$$

auf. Jede Funktion $X_{\mu, \Sigma}^i : \Omega \to \mathbb{R}$, $i = 1, \ldots, n$, ist eine reelle Zufallsvariable. Definiert man

$$\mathbf{E}\,(X_{\mu, \Sigma}) := \left(\mathbf{E}\,\left(X_{\mu, \Sigma}^1\right), \ldots, \mathbf{E}\,\left(X_{\mu, \Sigma}^n\right)\right)^\top,$$

so erhält man

$$\mathbf{E}\,(X_{\mu, \Sigma}) = \mu.$$

Ferner gilt mit $\Sigma = (\sigma_{i,j})_{i,j=1,\ldots,n}$:

$$\mathbf{Cov}\,\left(X_{\mu, \Sigma}^i, X_{\mu, \Sigma}^j\right) = \sigma_{i,j}, \quad i, j = 1, \ldots, n.$$

Daher heißt Σ die Covarianzmatrix von $X_{\mu, \Sigma}$.

2.4.5 Stochastische Unabhängigkeit

Auf der Basis eines Wahrscheinlichkeitsraumes $(\Omega, \mathcal{S}, P)$ haben wir für $A, B \in \mathcal{S}$ und $P(B) > 0$ durch $P^B(A) = \frac{P(A \cap B)}{P(B)}$ ein Wahrscheinlichkeitsmaß auf $\mathcal{S}$ eingeführt. Wir interpretieren $P^B(A)$ als die Wahrscheinlichkeit von A unter der Bedingung, dass B (P^B-)fast sicher eintrifft. Nun stellt sich die Frage, wann diese Bedingung die Wahrscheinlichkeit für A nicht ändert, wann also $P^B(A) = P(A|B) = P(A)$ gilt. Wir erhalten:

$$P^B(A) = P(A|B) = P(A) \iff P(A \cap B) = P(A) \cdot P(B).$$

---

[9] siehe dazu Definition 2.92 auf Seite 62 und Satz 2.93 auf Seite 62

Definition 2.86: *stochastisch unabhängige Ereignisse*

Seien $(\Omega, \mathcal{S}, P)$ ein Wahrscheinlichkeitsraum und $A_1, \ldots, A_n \in \mathcal{S}$, $n \in \mathbb{N}$, dann heißen die Ereignisse $A_1, \ldots, A_n$ stochastisch unabhängig, falls für alle $k \in \mathbb{N}$, $k \leq n$, und für alle $i_j \in \mathbb{N}$, $1 \leq j \leq k$, mit $1 \leq i_1 < \ldots < i_k \leq n$ gilt:

$$P\left(\bigcap_{j=1}^{k} A_{i_j}\right) = \prod_{j=1}^{k} P(A_{i_j}).$$

Die stochastische Unabhängigkeit einer Menge $\{A_i \in \mathcal{S}; i \in I\}$, $I \neq \emptyset$, von Ereignissen führt man auf die stochastische Unabhängigkeit ihrer endlichen Teilmengen zurück.

Definition 2.87: *stochastische Unabhängigkeit einer Menge von Ereignissen*

Seien $(\Omega, \mathcal{S}, P)$ ein Wahrscheinlichkeitsraum und $\{A_i \in \mathcal{S}; i \in I\}$, $I \neq \emptyset$, eine Menge von Ereignissen, dann heißen diese Ereignisse stochastisch unabhängig, falls $A_{i_1}, \ldots, A_{i_n}$ für jedes $n \in \mathbb{N}$ mit $n \leq |I|$ und für jede Menge $\{i_1, \ldots, i_n\} \subseteq I$ stochastisch unabhängig sind.

Um stochastisch unabhängige Zufallsvariable definieren zu können, wird zunächst die stochastische Unabhängigkeit von Mengensystemen betrachtet.

Definition 2.88: *stochastische Unabhängigkeit von Mengensystemen*

Seien $(\Omega, \mathcal{S}, P)$ ein Wahrscheinlichkeitsraum und $\{\mathcal{F}_i \subseteq \mathcal{S}; i \in I\}$, $I \neq \emptyset$, eine Menge von Mengensystemen über Ω, dann heißen diese Mengensysteme stochastisch unabhängig, falls für jedes $n \in \mathbb{N}$ mit $n \leq |I|$ und für jedes $\{i_1, \ldots, i_n\} \subseteq I$ die n Ereignisse $A_{i_1}, \ldots, A_{i_n}$ für beliebige $A_{i_k} \in \mathcal{F}_{i_k}$, $i = 1, \ldots, n$, stochastisch unabhängig sind.

Definition 2.89: *von einer Zufallsvariablen erzeugte σ-Algebra*

Sei $(\Omega, \mathcal{S}, P)$ ein Wahrscheinlichkeitsraum, $(\Omega', \mathcal{S}')$ ein Messraum und $X : \Omega \to \Omega'$ eine Zufallsvariable. Weiter sei $\mathcal{F}$ die Menge aller σ-Algebren über Ω, für die gilt: X ist $\mathcal{C}$-$\mathcal{S}'$-messbar genau dann, wenn $\mathcal{C} \in \mathcal{F}$. Die Menge $\sigma(X) := \sigma(\mathcal{F}) = \bigcap_{\mathcal{C} \in \mathcal{F}} \mathcal{C}$ ist ebenfalls eine σ-Algebra und wird die von X erzeugte σ-Algebra genannt.

Unter allen σ-Algebren $\mathcal{A}$ über Ω ist $\sigma(X)$ die kleinste, für die X $\mathcal{A}$-$\mathcal{S}'$-messbar ist. Somit sind wir in der Lage, die stochastische Unabhängigkeit von Zufallsvariablen in naheliegender Weise durch die stochastische Unabhängigkeit von speziellen Mengensystemen zu definieren.

Definition 2.90: *stochastische Unabhängigkeit von Zufallsvariablen*

Seien $(\Omega, \mathcal{S}, P)$ ein Wahrscheinlichkeitsraum, $(\Omega', \mathcal{S}')$ ein Messraum und $\{X_i : \Omega \to \Omega'; i \in I\}, I \neq \emptyset$, eine Menge von Zufallsvariablen, dann heißen diese Zufallsvariablen stochastisch unabhängig, falls die Mengensysteme $\{\sigma(X_i); i \in I\}$ stochastisch unabhängig sind.

Die stochastische Unabhängigkeit von Zufallsvariablen ist ein zentraler Begriff der Wahrscheinlichkeitstheorie und im Wesentlichen Bestandteil der Modellierung zu untersuchender Vorgänge.

2.4.6   Stochastische Konvergenzbegriffe

Da eine Folge von reellen Zufallsvariablen eine Funktionenfolge ist, betrachtet man – wie in der Analysis (z.B. gleichmäßige- und punktweise Konvergenz) – auch in der Wahrscheinlichkeitstheorie verschiedene Konvergenzbegriffe.

Definition 2.91: *verschiedene Konvergenzbegriffe für Folgen reeller Zufallsvariablen*

Seien $(\Omega, \mathcal{S}, P)$ ein Wahrscheinlichkeitsraum, $(X_i)_{i \in \mathbb{N}}$ eine Folge reeller Zufallsvariablen $X_i : \Omega \to \mathbb{R}, i \in \mathbb{N}$, und $X : \Omega \to \mathbb{R}$ ebenfalls eine reelle Zufallsvariable, dann konvergiert $(X_i)_{i \in \mathbb{N}}$ definitionsgemäß

(i) im r-ten Mittel ($r \in \mathbb{R}^+$) gegen X genau dann, wenn

$$\int |X_i|^r \, dP < \infty \text{ für alle } i \in \mathbb{N}, \int |X|^r \, dP < \infty, \lim_{i \to \infty} \int |X_i - X|^r \, dP = 0,$$

(ii) stochastisch gegen X genau dann, wenn für alle $\epsilon > 0$

$$\lim_{i \to \infty} P\left(\{\omega \in \Omega; |X_i(\omega) - X(\omega)| < \epsilon\}\right) = 1,$$

(iii) mit Wahrscheinlichkeit 1 gegen X genau dann, wenn

$$P\left(\left\{\omega \in \Omega; \lim_{i \to \infty} X_i(\omega) = X(\omega)\right\}\right) = 1,$$

(iv) in Verteilung gegen X genau dann, wenn

$$\lim_{i \to \infty} \int f \, dP_{X_i} = \int f \, dP_X$$

für alle beliebig oft differenzierbaren Funktionen $f : \mathbb{R} \to \mathbb{R}$ mit kompaktem Träger.

Die stochastische Konvergenz von $(X_i)_{i \in \mathbb{N}}$ gegen X wird oft durch

$$(P\text{-})\lim_{i \to \infty} X_i = X, \ \underset{i \to \infty}{\text{st-lim}} \, X_i = X \text{ oder } X_i \to X \text{ nach Wahrscheinlichkeit}$$

dargestellt. Die Konvergenz mit Wahrscheinlichkeit 1 von $(X_i)_{i\in\mathbb{N}}$ gegen X heißt auch $(P\text{-})$fast sichere Konvergenz und wird durch $X_i \to X$ $(P\text{-})$f.s. dargestellt. Die Konvergenz nach Verteilung wird auch als schwache Konvergenz bezeichnet. Die folgenden Implikationen lassen sich leicht nachweisen.

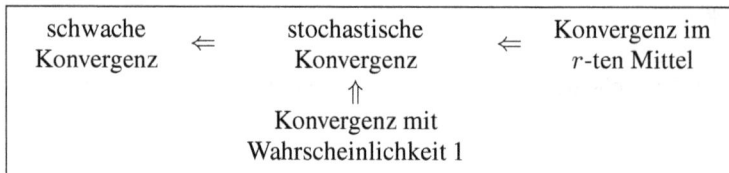

$$
\boxed{
\begin{array}{ccccc}
\text{schwache} & \Leftarrow & \text{stochastische} & \Leftarrow & \text{Konvergenz im} \\
\text{Konvergenz} & & \text{Konvergenz} & & r\text{-ten Mittel} \\
& & \Uparrow & & \\
& & \text{Konvergenz mit} & & \\
& & \text{Wahrscheinlichkeit 1} & &
\end{array}
}
$$

Ausgehend von einem Wahrscheinlichkeitsraum $(\Omega, \mathcal{S}, P)$ betrachten wir spezielle Folgen $(X_i)_{i\in\mathbb{N}}$, von reellen Zufallsvariablen $X_i : \Omega \to \mathbb{R}$, $i \in \mathbb{N}$, deren Quadrate $X_i^2 : \Omega \to \mathbb{R}$, $\omega \mapsto X_i^2(\omega)$ für alle $i \in \mathbb{N}$ $(P\text{-})$integrierbar sind. Wegen

$$
\int_{\Omega} |X_i|\, dP = \int_{\{\omega\in\Omega;\, |X_i(\omega)|\le 1\}} |X_i|\, dP + \int_{\{\omega\in\Omega;\, |X_i(\omega)|>1\}} |X_i|\, dP
$$

$$
\le 1 + \int_{\{\omega\in\Omega;\, |X_i(\omega)|>1\}} |X_i|\, dP \le 1 + \int_{\Omega} X_i^2\, dP \quad \text{für alle } i \in \mathbb{N}
$$

besitzen die Zufallsvariablen X_i, $i \in \mathbb{N}$, endliche Erwartungswerte. Dies erlaubt die folgende Definition.

Definition 2.92:   *Der zentrale Grenzwertsatz*

Sei $(\Omega, \mathcal{S}, P)$ ein Wahrscheinlichkeitsraum und $(X_i)_{i\in\mathbb{N}}$ eine Folge von reellen Zufallsvariablen $X_i : \Omega \to \mathbb{R}$, $i \in \mathbb{N}$, deren Quadrate $X_i^2 : \Omega \to \mathbb{R}$, $\omega \mapsto X_i^2(\omega)$ für alle $i \in \mathbb{N}$ $(P\text{-})$integrierbar sind mit Varianzen $\mathbf{Var}(X_i) > 0$ für alle $i \in \mathbb{N}$. Wir vereinbaren, dass für die Folge $(X_i)_{i\in\mathbb{N}}$ genau dann der zentrale Grenzwertsatz gilt, wenn die Folge $(T_i)_{i\in\mathbb{N}}$ standardisierter reeller Zufallsvariablen

$$
T_i : \Omega \to \mathbb{R},\ \omega \mapsto \frac{\sum\limits_{j=1}^{i}(X_j - \mathbf{E}(X_j))}{\sqrt{\mathbf{Var}\left(\sum\limits_{j=1}^{i} X_j\right)}},\quad i \in \mathbb{N},
$$

in Verteilung gegen eine $\mathcal{N}(0,1)$ normalverteilte Zufallsvariable konvergiert.

Satz 2.93   *Der zentrale Grenzwertsatz für stoch. unabh., ident. vert. Zufallsvar.*

Seien $(\Omega, \mathcal{S}, P)$ ein Wahrscheinlichkeitsraum und $(X_i)_{i\in\mathbb{N}}$ eine Folge stochastisch unabhängiger, identisch verteilter (d.h. $P_{X_i} = P_{X_j}$ für alle $i, j \in \mathbb{N}$) reeller Zufallsvariablen $X_i : \Omega \to \mathbb{R}$ mit $0 < \mathbf{Var}(X_i) < \infty$ für alle $i \in \mathbb{N}$, dann gilt für $(X_i)_{i\in\mathbb{N}}$ der zentrale Grenzwertsatz.

Satz von de Moivre-Laplace

Besteht im obigen Satz die Folge $(X_i)_{i\in\mathbb{N}}$ aus stochastisch unabhängigen, $B(1,p)$ binomial-verteilten Zufallsvariablen, so wird die Gültigkeit des zentralen Grenzwertsatzes für $(X_i)_{i\in\mathbb{N}}$ als Satz von de Moivre-Laplace bezeichnet. In diesem Fall ist $X_1 + \ldots + X_n$, $n \in \mathbb{N}$, $B(n,p)$ binomialverteilt und die für große n aufwendig zu berechnende Binomial-Verteilung lässt sich somit durch die häufig tabellierte $\mathcal{N}(0,1)$ Normalverteilung approximieren.

Abschließend betrachten wir ein sehr hilfreiches Resultat.

Satz 2.94 *Ungleichung von Chebyschev-Markov*

Seien $(\Omega, \mathcal{S}, P)$ ein Wahrscheinlichkeitsraum und $X : \Omega \to \overline{\mathbb{R}}$ eine numerische Zufallsvariable, dann gilt für jedes Paar reeller Zahlen $\alpha > 0$, $\kappa > 0$ die folgende Ungleichung von Chebyschev-Markov

$$P(\{\omega \in \Omega; |X(\omega)| \geq \alpha\}) \leq \frac{1}{\alpha^\kappa} \int |X|^\kappa \, dP.$$

3 Modellierung eines Quantencomputers

3.1 Das Quantenbit (Qbit)

Quantenbits sind die kleinsten Informationseinheiten eines Quantencomputers. Da es einen Unterschied zwischen dem *Ist-Zustand* eines Quantenbits und der *Beobachtung* dieses Zustandes gibt (im Gegensatz zum klassischen Bit), erfordert die Definition des Quantenbits einen gewissen Aufwand.

3.1.1 Definition eines Qbits

Zunächst werden Quantenbits bzw. ihre mathematische Repräsentation als Elemente der Einheitssphäre eines Hilbertraumes eingeführt. Die Zuordnung zu klassischen Bits ist hier noch nicht erkennbar.

Definition 3.1: *Qbit*

Es sei $\mathcal{H}$ ein zweidimensionaler $\mathbb{C}$-Hilbertraum. Dann heißt jeder Vektor $v \in \mathcal{H}$ mit

$$\langle v, v \rangle = \|v\|^2 = 1$$

der *Zustand eines Qbits* oder kurz *Qbit* (*Quantenbit*).
$\mathcal{H}$ nennt man *Zustandsraum* eines Qbits und

$$\mathcal{S}_{\mathcal{H}} := \left\{ v \in \mathcal{H} \mid \|v\| = 1 \right\}$$

die Menge aller Quantenzustände oder *Zustandssphäre*.

Zeichnet man in $\mathcal{H}$ eine spezielle orthonormale Basis aus, so wird natürlich jedes Qbit eindeutig bezüglich dieser Basis ausgezeichnet. Ist ein Qbit Vielfaches eines der beiden Basisvektoren, so nennt man den Zustand rein. Reine Zustände lassen sich später mit klassischen Bits kodieren.

Definition 3.2: *Reine Qbit-Zustände*

Es sei $\mathcal{H}$ ein zweidimensionaler $\mathbb{C}$-Hilbertraum mit einer orthonormalen Basis v_1, v_2, d.h. für jedes Qbit $v \in \mathcal{S}_{\mathcal{H}}$ gilt

$$v = \lambda_1 v_1 + \lambda_2 v_2 \quad \text{mit je} \quad \lambda_1, \lambda_2 \in \mathbb{C}, \ |\lambda_1|^2 + |\lambda_2|^2 = 1.$$

v heißt ein *reiner Qbit-Zustand* bezüglich der gegebenen Basis, falls v das Vielfache eines der Basisvektoren ist, d.h. $v = \lambda v_j$ für ein $j \in \{1, 2\}$ und $\lambda \in \mathbb{C}$ mit $|\lambda|^2 = 1$.

Durch Messung bezüglich einer Basis, siehe Abschnitt 3.1.2 auf der nächsten Seite, lässt sich jedem Qbit ein reiner Zustand zuordnen, der mit einem klassischen Bitwert kodiert wird. Zur Darstellung dieser Kodierung lässt sich die Dirac-Schreibweise von Vektoren sinnvoll einsetzen. Im Weiteren verwenden wir sie symbolisch für Orthonormalbasen von Hilberräumen, wobei aber ansonsten auf Rechnungen in Dirac-Schreibweise verzichtet wird.

Definition 3.3:   *Konvention einer ausgezeichneten Basis für ein Qbit*

Es sei $\mathcal{H}$ ein zweidimensionaler $\mathbb{C}$-Hilbertraum mit einer orthonormalen Basis, die mit

$$|0\rangle, |1\rangle \in \mathcal{H}$$

bezeichnet wird. $|0\rangle$, $|1\rangle$ wird per Konvention als Standardbasis für den Zustandsraum $\mathcal{H}$ vereinbart. Insbesondere gilt also für jedes Qbit $v \in \mathcal{S}_{\mathcal{H}}$:

$$v = \lambda_0 |0\rangle + \lambda_1 |1\rangle = \sum_{j=0}^{1} \lambda_j |j\rangle \quad \text{mit} \quad \lambda \in \mathbb{C}^2, \; \|\lambda\| = 1.$$

Durch Messung ordnet man einem Qbit einen der reinen Zustände $|0\rangle$ oder $|1\rangle$ zu, die wir mit den entsprechenden klassischen Bits identifizieren.

Ist die Basis festgelegt, so kann man in kanonischer Weise (d.h. durch einen Isomorphismus) den Hilbertraum $\mathcal{H}$ mit $\mathbb{C}^2$ identifizieren. Die kanonische Basiszuordnung ist dann

$$|0\rangle = \begin{pmatrix} 1 \\ 0 \end{pmatrix}, \quad |1\rangle = \begin{pmatrix} 0 \\ 1 \end{pmatrix}.$$

Eine stärker physikalisch orientierte Notation (Polarisationsrichtungen) für die beiden Basisvektoren ist

$$|\updownarrow\rangle, |\leftrightarrow\rangle.$$

Eine alternative Basis kann in dieser Notation wie folgt geschrieben werden

$$|\nearrow\rangle, |\nwarrow\rangle.$$

3.1.2 Messung eines Qbits bezüglich einer Basis

Gemäß den Postulaten der Quantenmechanik ist der Zustand eines Qbits nicht direkt beobachtbar. Mit Hilfe einer Messanordnung, die eine spezielle Orthonormalbasis des Hilbertraumes $\mathcal{H}$ wählt, lässt sich ein Zufallsexperiment durchführen, in dessen Verlauf ein Qbit in einen reinen Zustand wechselt[1]. Dabei gilt:

- Die Wahrscheinlichkeitsverteilung des Zufallsexperimentes ist abhängig von Zustand des Qbits vor der Messung.

- Nach der Messung befindet sich das Qbit in einem reinen Zustand, d.h. in der Regel verändert die Messung den Zustand des Qbits.

Die Messung eines Qbits bezüglich einer Basis ist der Spezialfall einer allgemeinen Messung, die wir in Abschnitt 3.2.3 besprechen werden.

Definition 3.4: *Messung eines Qbits bezüglich einer Basis*

Es sei $\mathcal{H}$ ein zweidimensionaler $\mathbb{C}$-Hilbertraum mit einer orthonormalen Basis $|0\rangle, |1\rangle$. Unter der *Messung* eines fest gewählten Qbits $v \in \mathcal{S}_{\mathcal{H}}$ mit

$$v = \lambda_0 |0\rangle + \lambda_1 |1\rangle = \sum_{j=0}^{1} \lambda_j |j\rangle \quad \text{mit} \quad \lambda \in \mathbb{C}^2, \|\lambda\| = 1$$

bezüglich der Basis $|0\rangle, |1\rangle$ versteht man die Realisierung einer Zufallsvariablen

$$\mathscr{M}^v : \Omega \to \Omega'$$

mit einem *Wahrscheinlichkeitsraum* $(\Omega, \mathcal{A}, P)$, einem *Messraum* $(\Omega', \mathscr{P}(\Omega'))$ mit

$$\Omega' := \{0, 1\}$$

und mit der Verteilung

$$P(\{\mathscr{M}^v = 0\}) := p_0 := |\lambda_0|^2, \quad P(\{\mathscr{M}^v = 1\}) := p_1 := |\lambda_1|^2.$$

Nach der Messung befindet sich das Qbit mit Wahrscheinlichkeit p_0 im reinen Zustand $\frac{\lambda_0}{|\lambda_0|} |0\rangle$ und mit Wahrscheinlichkeit p_1 im reinen Zustand $\frac{\lambda_1}{|\lambda_1|} |1\rangle$.

Das Zufallsexperiment der Messung ergibt also mit Wahrscheinlichkeit p_0 den klassischen Bitwert 0 und mit Wahrscheinlichkeit p_1 den klassischen Bitwert 1. Die Besonderheit ist, dass das Zufallsexperiment nur jeweils einmal durchführbar ist, da sich der Zustand des Qbits (und damit die Wahrscheinlichkeitsverteilung) durch die Messung ändert. Ist das Ergebnis also z.B. 1, so würde jede erneute Messung ebenfalls den Wert 1 ergeben.

Die Messung ist also die stochastische Zuordnung eines Quantenzustands auf ein klassisches Bit. Sie steht i.d.R. am Ende einer oder mehrerer Operationen auf Quantenbits, die in Abschnitt 3.3 beschrieben werden.

---

[1] Physikalisch geschieht dies durch Wahl von Polarisationsachsen

3.2 Multi-Qbits und ihre Darstellung

Der *Speicher* eines Quantencomputers besteht aus einem Multi-Qbit, also mehreren Qbits. Ein Multi-Qbit besteht allerdings nicht einfach aus der sortierten Anordnung von einzelnen Qbits, so dass auch hier eine weitaus kompliziertere Situation im Vergleich zum klassischen Speicher vorliegt.

3.2.1 Definition von Multi-Qbits

Die Aneinanderreihung mehrerer klassischer Bits zu einem Multi-Bit (oder besser verständlich: zu einem Speicher) entspricht der Bildung eines kartesischen Produktes, d.h. man betrachtet klassisch Tupel von Bits.

Hierin liegt der entscheidende Unterschied zwischen Quantenspeichern und klassischen Speichern: Statt aus der kartesischen Tupelbildung von Qbits entsteht ein Multi-Qbit aus der Tensorbildung von Qbits. Daher ist der Zustandsraum eines Multi-Qbits aus n Qbits nicht $2n$-dimensional, sondern 2^n-dimensional.

Definition 3.5: *Multi-Qbit*

Es sei $n \in \mathbb{N}$, $n > 1$, und es sei $\mathcal{H}$ ein Zustandsraum, also ein zweidimensionaler $\mathbb{C}$-Hilbertraum. Der Hilbertraum $\mathcal{H}^{\otimes n}$ des n-fachen Tensorproduktes von $\mathcal{H}$ mit dem kanonisch induzierten Skalarprodukt heißt dann *Zustandsraum* eines n-Qbits bzw. eines Multi-Qbits.

Jeder Vektor $v \in \mathcal{H}^{\otimes n}$ mit

$$\langle v, v \rangle = \|v\|^2 = 1$$

heißt *Zustand eines n-Multi-Qbits* oder kurz n-Qbit oder *Multi-Qbit*. Weiter heißt

$$\mathcal{S}_{\mathcal{H}^{\otimes n}} := \left\{ v \in \mathcal{H}^{\otimes n} \mid \|v\| = 1 \right\}$$

die Menge aller Quantenzustände oder *Zustandssphäre* des Multi-Qbits.

Zu Tensorräumen siehe Definition 2.33 auf Seite 31 und Definition 2.36 auf Seite 35; zum kanonisch induzierten Skalarprodukt siehe Satz 2.39 auf Seite 38.

Die 2^n Vektoren einer Orthonormalbasis von $\mathcal{H}^{\otimes n}$ wollen wir wieder als reine Zustände eines Multi-Qbits bezeichnen. Die Dirac-Schreibweise erlaubt eine kompakte Notation, die direkt mit klassischen Bits korrespondiert.

Definition 3.6: *Schreibkonvention für Tensorprodukte einer ausgezeichneten Basis*

Es sei $n \in \mathbb{N}$, $n > 1$, und es sei $\mathcal{H}$ ein zweidimensionaler $\mathbb{C}$-Hilbertraum mit einer orthonormalen Basis $|0\rangle, |1\rangle$.
Zu jedem $x \in \mathbb{N}$ mit $0 \le x < 2^n$ mit der Binärzahldarstellung

$$x = x_{n-1}x_{n-2}\ldots x_1 x_0 = \sum_{j=0}^{n-1} 2^j \cdot x_j, \quad x_j \in \{0, 1\}, \; j = 0, \ldots, n-1$$

definiere $|x\rangle_n \in \mathcal{H}^{\otimes n}$ bzw. $|x_{n-1}x_{n-2}\ldots x_1x_0\rangle \in \mathcal{H}^{\otimes n}$ durch

$$|x\rangle_n := |x_{n-1}x_{n-2}\ldots x_1x_0\rangle := |x_{n-1}\rangle |x_{n-2}\rangle \ldots |x_1\rangle |x_0\rangle$$
$$:= |x_{n-1}\rangle \otimes |x_{n-2}\rangle \otimes \ldots \otimes |x_1\rangle \otimes |x_0\rangle .$$

Die Tensorprodukte

$$|0\rangle \otimes |0\rangle , \quad |0\rangle \otimes |1\rangle , \quad |1\rangle \otimes |0\rangle , \quad |1\rangle \otimes |1\rangle$$

können mittels Definition 3.6 verkürzt als

$$|0\rangle |0\rangle , \quad |0\rangle |1\rangle , \quad |1\rangle |0\rangle , \quad |1\rangle |1\rangle$$

geschrieben werden oder als

$$|00\rangle , \quad |01\rangle , \quad |10\rangle , \quad |11\rangle$$

oder mit Hilfe von Dezimalzahlen als

$$|0\rangle_2 , \quad |1\rangle_2 , \quad |2\rangle_2 , \quad |3\rangle_2 .$$

Die Angabe der Stellenzahl in der Dezimalschreibweise ist zwingend, da sonst nicht zwischen $|3\rangle_2 = |11\rangle$ und z.B. $|3\rangle_4 = |0011\rangle$ unterschieden werden kann.

Satz 3.7 *Standardbasis für ein Multi-Qbit*

Es sei $n \in \mathbb{N}$, $n > 1$, und es sei $\mathcal{H}$ ein zweidimensionaler $\mathbb{C}$-Hilbertraum mit einer orthonormalen Basis $|0\rangle, |1\rangle$.
Dann ist

$$|0\rangle_n , \; |1\rangle_n , \; \ldots , \; |2^n - 2\rangle_n , \; |2^n - 1\rangle_n$$

eine Orthonormalbasis von $\mathcal{H}^{\otimes n}$, genannt die *Standardbasis* von $\mathcal{H}^{\otimes n}$.
Insbesondere gilt für jedes Multi-Qbit $v \in \mathcal{S}_{\mathcal{H}^{\otimes n}}$:

$$v = \sum_{j=0}^{2^n-1} \lambda_j |j\rangle_n \quad \text{mit} \quad \lambda \in \mathbb{C}^{2^n} , \; \|\lambda\| = 1 .$$

Beweis. Mit Satz 2.34 auf Seite 32 und Definition 2.36 auf Seite 35 folgt die Basiseigenschaft von $|0\rangle_n , \; |1\rangle_n , \; \ldots , \; |2^n - 2\rangle_n , \; |2^n - 1\rangle_n$ nach Konstruktion. Zu zeigen ist nur die Orthonormalität.

Zu jedem $x, y \in \mathbb{N}$ mit $0 \le x, y < 2^n$ mit der Binärzahldarstellung

$$x = \sum_{j=0}^{n-1} 2^j \cdot x_j , \quad y = \sum_{j=0}^{n-1} 2^j \cdot y_j , \quad x_j, y_j \in \{0, 1\} , \; j = 0, \ldots, n-1$$

betrachte man mit Satz 2.39 auf Seite 38 das Skalarprodukt[2] von $|x\rangle_n$ und $|y\rangle_n$

$$\langle |x\rangle_n, |y\rangle_n\rangle = \prod_{j=0}^{n-1} \langle |x_j\rangle, |y_j\rangle\rangle_{\mathcal{H}} = \prod_{j=0}^{n-1} \delta_{x_j,y_j} = \delta_{x,y},$$

wobei $\delta_{x,y}$ das Kronecker-Symbol ist. $\qquad\qquad\qquad\qquad\qquad\qquad\qquad\qquad\square$

Da die Ziffern der Binärzahldarstellung lexikographisch geordnet sind, ist diese Sortierung verträglich mit dem kanonischen Tensorprodukt auf den kanonisch zugeordneten Tupelräumen, siehe Lemma 2.41 auf Seite 40 und Lemma 2.42 auf Seite 40. Daher kann dem Vektor $|x\rangle_n$ der $(x+1)$-te Einheitsvektor von $\mathbb{C}^{2^n}$ kanonisch zugeordnet werden, so dass folgende Operationen verträglich sind:

$$\begin{pmatrix} 0 \\ 0 \\ 0 \\ 0 \\ 0 \\ 0 \\ 1 \\ 0 \end{pmatrix} \equiv |6\rangle_3 = |110\rangle = |1\rangle \otimes |1\rangle \otimes |0\rangle \equiv \begin{pmatrix} 0 \\ 1 \end{pmatrix} \otimes \begin{pmatrix} 0 \\ 1 \end{pmatrix} \otimes \begin{pmatrix} 1 \\ 0 \end{pmatrix}.$$

3.2.2 Charakterisierung von Multi-Qbit-Zuständen

Analog zu reinen Qbit-Zuständen lassen sich nun reine Multi-Qbit-Zustände definieren.

Definition 3.8:   *Reine Multi-Qbit-Zustände*

Es sei $n \in \mathbb{N}$, $n > 1$, und es sei $\mathcal{H}$ ein zweidimensionaler $\mathbb{C}$-Hilbertraum mit einer orthonormalen Basis $|0\rangle, |1\rangle$.
$v \in \mathcal{S}_{\mathcal{H}^{\otimes n}}$ heißt ein *reiner Multi-Qbit-Zustand* bezüglich der Basis $|0\rangle_n, \ldots, |2^n - 1\rangle_n$, falls v das Vielfache eines der Basisvektoren ist, d.h. $v = \lambda |x\rangle_n$ für ein $x \in \{0, \ldots, 2^n - 1\}$ und $\lambda \in \mathbb{C}$ mit $|\lambda|^2 = 1$.

Die Zuordnung eines Qbit-Zustandes zu einem reinen Qbit-Zustand erfolgt wieder durch eine Messung, siehe Abschnitt 3.2.3 auf Seite 72.

Bei vielen Anwendungen spielen separable Zustände eine Rolle, die sich als Tensorprodukt zweier Teilzustände schreiben lassen. Als Hilfsdefinition betrachten wir zunächst Tensorpermutationen.

Definition 3.9:   *Tensorpermutation*

Es sei $n \in \mathbb{N}$, $n > 1$, und es sei $\mathcal{H}$ ein zweidimensionaler $\mathbb{C}$-Hilbertraum. Weiter sei $\sigma \in \mathcal{S}(\{0, \ldots, n-1\})$ eine Permutation aus der symmetrischen Gruppe, d.h. eine bijektive

---

[2]Die nachfolgende Schreibweise ist unschön, aber korrekt

Abbildung $\sigma : \{0, \ldots, n-1\} \rightarrow \{0, \ldots, n-1\}$. Der lineare Operator $Q_\sigma : \mathcal{H}^{\otimes n} \rightarrow \mathcal{H}^{\otimes n}$, der für $x_i \in \mathcal{H}$ eindeutig durch

$$Q\left(x_{n-1} \otimes x_{n-2} \otimes \ldots \otimes x_1 \otimes x_0\right) := x_{\sigma(n-1)} \otimes x_{\sigma(n-2)} \otimes \ldots \otimes x_{\sigma(1)} \otimes x_{\sigma(0)}$$

festgelegt ist, heißt *Tensorpermutation* auf $\mathcal{H}^{\otimes n}$.

- Eine Tensorpermutation vertauscht die Rollen von einzelnen Qbits innerhalb eines Multi-Qbits.

- Die Tensorpermutation ist als linearer Operator auf $\mathcal{H}^{\otimes n}$ eindeutig festgelegt, da dieser in der Definition insbesondere auf einer Basis von $\mathcal{H}^{\otimes n}$ festgelegt ist.

- Als Permutation ist Q ein unitärer[3] Operator.

- Nicht jede Permutation auf $\mathcal{H}^{\otimes n}$ ist eine *Tensorpermutation*! Es gibt $n!$ Tensorpermutationen, aber zu einer festgelegten Basis von $\mathcal{H}^{\otimes n}$ gibt es $(2^n)!$ verschiedene Permutationen auf $\mathcal{H}^{\otimes n}$.

Definition 3.10: *Separabel, verschränkt*

Es sei $n \in \mathbb{N}$, $n > 1$, und es sei $\mathcal{H}$ ein zweidimensionaler $\mathbb{C}$-Hilbertraum.

(i) $v \in \mathcal{S}_{\mathcal{H}^{\otimes n}}$ heißt ein (direkt) *separabler Multi-Qbit-Zustand*, falls es ein $p \in \mathbb{N}$ mit $1 \leq p < n$ gibt mit

$$v = x \otimes y \quad \text{für ein } x \in \mathcal{S}_{\mathcal{H}^{\otimes p}} \text{ und ein } y \in \mathcal{S}_{\mathcal{H}^{\otimes q}} \text{ mit } q = n - p.$$

(ii) $v \in \mathcal{S}_{\mathcal{H}^{\otimes n}}$ heißt ein indirekt *separabler Multi-Qbit-Zustand*, falls es eine *Tensorpermutation* Q auf $\mathcal{H}^{\otimes n}$ gibt, so dass der Vektor Qv ein direkt separabler Multi-Qbit-Zustand ist.

(iii) $v \in \mathcal{S}_{\mathcal{H}^{\otimes n}}$ heißt ein *verschränkter Multi-Qbit-Zustand*, falls v weder direkt noch indirekt separabel ist.

Beispiel 13

Ein 2-Qbit-Zustand v mit

$$v = ac\,|00\rangle + ad\,|01\rangle + bc\,|10\rangle + bd\,|11\rangle$$

ist separabel, da gilt

$$v = (a\,|0\rangle + b\,|1\rangle) \otimes (c\,|0\rangle + d\,|1\rangle).$$

---

[3] siehe Definition 3.18 auf Seite 83

Beispiel 14

Der 3-Qbit-Zustand v mit

$$v = \frac{1}{\sqrt{2}} |010\rangle + \frac{1}{\sqrt{2}} |111\rangle$$

ist bedingt separabel, denn ist Q die Tensorpermutation, die die die letzten beiden Tensor-komponenten vertauscht, so gilt

$$Qv = \frac{1}{\sqrt{2}} |001\rangle + \frac{1}{\sqrt{2}} |111\rangle = \left(\frac{1}{\sqrt{2}} |00\rangle + \frac{1}{\sqrt{2}} |11\rangle \right) \otimes |1\rangle .$$

Beispiel 15

Die folgenden 2-Qbit-Zustände sind jeweils verschränkt. Jeden dieser vier Zustände nennt man *Bell-Zustand* oder *EPR-Zustand*[4] oder *EPR-Paar*:

$$\beta_{00} := \frac{1}{\sqrt{2}} \left(|00\rangle + |11\rangle \right);$$

$$\beta_{01} := \frac{1}{\sqrt{2}} \left(|01\rangle + |10\rangle \right);$$

$$\beta_{10} := \frac{1}{\sqrt{2}} \left(|00\rangle - |11\rangle \right);$$

$$\beta_{11} := \frac{1}{\sqrt{2}} \left(|01\rangle - |10\rangle \right).$$

Man beachte, dass diese vier Vektoren jeweils orthogonal zueinander sind. Sie bilden daher eine alternative Orthonormalbasis von $\mathcal{H}^{\otimes 2}$.

3.2.3   Messung eines Multi-Qbits

Wir beschreiben zunächst die allgemeine Möglichkeit einer Messung, die auf einem Satz von Messoperatoren beruht.

Definition 3.11: *Messoperatoren*

Es sei $n \in \mathbb{N}$ und es sei $\mathcal{H}$ ein zweidimensionaler $\mathbb{C}$-Hilbertraum. Unter einem *Satz von Messoperatoren* auf $\mathcal{H}^{\otimes n}$ versteht man eine Menge $\{M_0, \ldots, M_{m-1}\}$, $m \in \mathbb{N}$, von linearen Operatoren auf $\mathcal{H}^{\otimes n}$

$$M_j : \mathcal{H}^{\otimes n} \to \mathcal{H}^{\otimes n}$$

mit der Eigenschaft

$$\sum_{j=0}^{m-1} M_j^* M_j = I,$$

---

[4] Je nach Bell, Einstein, Podolsky und Rosen

wobei I die identische Abbildung ist und M_j^* der zu M_j adjungierte Operator.

Ein Satz von Messoperatoren besitzt die folgende zentrale Eigenschaft für jeden Vektor $v \in \mathcal{S}_{\mathcal{H}^{\otimes n}}$:

$$\sum_{j=0}^{m-1} \|M_j v\|^2 = \sum_{j=0}^{m-1} \langle M_j v, M_j v \rangle = \sum_{j=0}^{m-1} \langle v, M_j^* M_j v \rangle$$

$$= \left\langle v, \sum_{j=0}^{m-1} M_j^* M_j v \right\rangle = \langle v, v \rangle = 1.$$

Die folgende Definition entspricht Postulat 2 auf Seite 6.

Definition 3.12: *Messung eines Multi-Qbits bezüglich eines Messoperatorsatzes*

Es sei $n \in \mathbb{N}$ und es sei $\mathcal{H}$ ein zweidimensionaler $\mathbb{C}$-Hilbertraum. Weiter sei ein Satz $\{M_0, \dots, M_{m-1}\}$, $m \in \mathbb{N}$, von Messoperatoren auf $\mathcal{H}^{\otimes n}$ gegeben und ein n-Qbit $v \in \mathcal{S}_{\mathcal{H}^{\otimes n}}$. Zu einem *Wahrscheinlichkeitsraum* $(\Omega, \mathcal{A}, P)$ und dem *Messraum* $(\Omega', \mathscr{P}(\Omega'))$ mit

$$\Omega' := \{0, \dots, m-1\}$$

betrachte die Zufallsvariable

$$\mathscr{M}^v_{\{M_0, \dots, M_{m-1}\}} : \Omega \to \Omega'$$

mit der Verteilung

$$P\left(\left\{\mathscr{M}^v_{\{M_0, \dots, M_{m-1}\}} = j\right\}\right) := p_j := \|M_j v\|^2, \quad j = 0, \dots, m-1.$$

Unter der *Messung* des n-Qbits $v \in \mathcal{S}_{\mathcal{H}^{\otimes n}}$ bezüglich des gegebenen Messoperatorsatzes versteht man eine Realisierung der Zufallsvariablen $\mathscr{M}^v_{\{M_0, \dots, M_{m-1}\}}$.

Nach der Messung mit einem Messergebnis $j \in \Omega'$ befindet sich das n-Qbit im Zustand

$$\frac{M_j v}{\|M_j v\|} = \frac{1}{\sqrt{p_j}} M_j v.$$

3.2.4   Vollständige Messung eines Multi-Qbits bezüglich einer Basis

Der wichtigste Spezialfall einer Messung ist die Messung bezüglich einer Basis. Durch die Messung geht das Multi-Qbit in einen reinen Zustand bezüglich der verwendeten Basis über.

Die Messoperatoren für die Messung bezüglich einer Basis lassen sich übersichtlich mit Hilfe der dualen Basis beschreiben.

Definition 3.13:   *Duale Basis*

Es sei $n \in \mathbb{N}$, $\mathcal{H}$ ein zweidimensionaler $\mathbb{C}$-Hilbertraum und

$$|0\rangle_n, |1\rangle_n, \ldots, |2^n - 2\rangle_n, |2^n - 1\rangle_n$$

die *Standardbasis* von $\mathcal{H}^{\otimes n}$.
Zu jedem $|j\rangle_n$ wird die zugehörige duale Abbildung $\langle j|_n := (|j\rangle_n)^*$ festgelegt durch

$$\langle j|_n : \mathcal{H}^{\otimes n} \to \mathbb{C},$$
$$\langle j|_n \text{ linear mit } \langle j|_n |k\rangle_n := \langle |j\rangle_n, |k\rangle_n \rangle = \delta_{jk}, \ k = 0, \ldots, 2^n - 1.$$

$\langle 0|_n, \ldots, \langle 2^n - 1|_n$ heißt dann *duale Basis* und ist eine Basis des Dualraums.

Der Operator

$$M_j := |j\rangle_n \langle j|_n$$

ist eine Projektion auf den von $|j\rangle_n$ aufgespannten Untervektorraum, wie man sofort sieht:

$$M_j \sum_{k=0}^{2^n-1} \lambda_k |k\rangle_n = \sum_{k=0}^{2^n-1} \lambda_k |j\rangle_n \langle j|_n |k\rangle_n = \lambda_j |j\rangle_n.$$

Lemma 3.14 *Messung eines Multi-Qbits bezüglich einer Basis*

Es sei $n \in \mathbb{N}$, $\mathcal{H}$ ein zweidimensionaler $\mathbb{C}$-Hilbertraum und

$$|0\rangle_n, |1\rangle_n, \ldots, |2^n - 2\rangle_n, |2^n - 1\rangle_n$$

die *Standardbasis* von $\mathcal{H}^{\otimes n}$. Dann ist durch $\{M_0, \ldots, M_{2^n-1}\}$ ein Messoperatorsatz auf $\mathcal{H}^{\otimes n}$ gegeben, wobei

$$M_j := |j\rangle_n \langle j|_n, \quad j = 0, \ldots, 2^n - 1.$$

Die *Messung* eines fest gewählten n-Qbits $v = \sum_{k=0}^{2^n-1} \lambda_k |k\rangle_n \in \mathcal{S}_{\mathcal{H}^{\otimes n}}$ bezüglich dieses Messoperatorsatzes heißt Messung bezüglich der gegebenen Basis und ist die Realisierung der Zufallsvariablen

$$\mathscr{M}_n^v : \Omega \to \Omega'$$

mit einem *Wahrscheinlichkeitsraum* $(\Omega, \mathcal{A}, P)$, einem *Messraum* $(\Omega', \mathscr{P}(\Omega'))$ mit

$$\Omega' := \{0, \ldots, 2^n - 1\}$$

und mit der Verteilung

$$P(\{\mathscr{M}_n^v = j\}) := p_j := |\lambda_j|^2, \quad j = 0, \ldots, 2^n - 1.$$

Nach der Messung mit einem Ergebnis $j \in \Omega'$ befindet sich das n-Qbit im Zustand

$$\frac{\lambda_j}{|\lambda_j|} |j\rangle_n.$$

Beweis. Die Operatoren $M_j := |j\rangle_n \langle j|_n$ sind Projektoren auf den durch $|j\rangle$ aufgespannten Untervektorraum. Es gilt weiter

$$M_j^* M_j = (|j\rangle_n \langle j|_n)^* |j\rangle_n \langle j|_n = |j\rangle_n \langle j|_n |j\rangle_n \langle j|_n = |j\rangle_n \langle j|_n = M_j$$

und für jedes $v = \sum_{k=0}^{2^n-1} \lambda_k |k\rangle_n \in \mathcal{S}_{\mathcal{H}^{\otimes n}}$ folgt

$$M_j v = |j\rangle_n \langle j|_n \sum_{k=0}^{2^n-1} \lambda_k |k\rangle_n = \sum_{k=0}^{2^n-1} \lambda_k |j\rangle_n \langle j|_n |k\rangle_n = \lambda_j |j\rangle_n.$$

Insbesondere folgt

$$\sum_{j=0}^{2^n-1} M_j^* M_j v = \sum_{j=0}^{2^n-1} M_j v = \sum_{j=0}^{2^n-1} \lambda_j |j\rangle_n = v \quad \text{und damit} \quad \sum_{j=1}^{2^n-1} M_j^* M_j = I.$$

Somit ist $\{M_0, \ldots, M_{2^n-1}\}$ ein Messoperatorsatz und damit gilt

$$P\left(\{\mathscr{M}_n^v = j\}\right) := p_j := \|M_j v\|^2 = \left\|\lambda_j |j\rangle_n\right\|^2 = |\lambda_j|^2.$$

Der Zustand nach der Messung ist

$$\frac{1}{\sqrt{p_j}} M_j v = \frac{1}{\sqrt{|\lambda_j|^2}} \lambda_j |j\rangle_n = \frac{\lambda_j}{|\lambda_j|} |j\rangle_n.$$

□

Die vollständige Messung bezüglich einer Basis bedeutet somit die stochastische Zuordnung eines Multi-Qbit-Zustandes v auf einen reinen Multi-Qbit-Zustand $|j\rangle_n$. Die Binärdarstellung der Zahl j mit n Binärstellen wird als klassisches n-Bit-Tupel aus $\{0, 1\}^n$ interpretiert.

Die Messung entspricht also dem Auslesen des „Speicherinhaltes" eines Quantencomputers. In Abschnitt 3.3 auf Seite 83 wird erklärt, wie Qbit-Zuständen durch Operationen gezielt verändert werden können.

Wie man sich sofort überlegen kann, würde eine erneute Messung mit der gegebenen Basis den Zustand des Multi-Qbits nicht weiter verändern, d.h. durch die Messung wurde es auf einen bestimmten reinen Zustand festgelegt.

Beispiel 16

Man betrachte ein 2-Qbit v mit

$$v = \frac{1}{\sqrt{2}} |00\rangle - \frac{1}{2} |01\rangle + \frac{1}{2} |10\rangle.$$

Eine Messung bezüglich der Standardbasis, d.h. eine Realisierung der Zufallsvariablen $\mathscr{M}_2^v$, hat folgende Ergebnisse:

Ergebnis	Wahrscheinlichkeit	Ergebniszustand
$0 = 00_2$	$\frac{1}{2}$	$|00\rangle$
$1 = 01_2$	$\frac{1}{4}$	$-|01\rangle$
$2 = 10_2$	$\frac{1}{4}$	$|10\rangle$

Das systematisch mögliche Ergebnis $3 = 11_2$ besitzt die Wahrscheinlichkeit 0 und ist nicht dargestellt.

3.2.5   Partielle Messung eines Multi-Qbits bezüglich einer Basis

Nun betrachten wir die partielle Messung eines Multi-Qbits bezüglich einer Basis. Das soll bedeuten, dass einige, aber nicht alle Qbits eines Multi-Qbits auf einen reinen Zustand festgelegt werden.

Ohne Einschränkung der Allgemeinheit betrachten wir die Messung der ersten p Qbits eines n-Qbits. Um *irgendeine* Auswahl von p Qbits zu messen, wende man eine Tensorpermutation auf den betrachteten Zustand an, die diese Qbits an den Anfang tauscht.

Lemma 3.15 *Partielle Messung eines Multi-Qbits bezüglich einer Basis*

Es sei $n \in \mathbb{N}$, $\mathcal{H}$ ein zweidimensionaler $\mathbb{C}$-Hilbertraum und

$$|0\rangle_n, |1\rangle_n, \ldots, |2^n - 2\rangle_n, |2^n - 1\rangle_n$$

die *Standardbasis* von $\mathcal{H}^{\otimes n}$. Ist $p \in \mathbb{N}$ mit $1 \leq p < n$ und $q := n - p$, dann ist durch $\{M_0, \ldots, M_{2^p-1}\}$ ein Messoperatorsatz auf $\mathcal{H}^{\otimes n}$ gegeben, wobei

$$M_j := \sum_{r=0}^{2^q-1} \left(|j\rangle_p \otimes |r\rangle_q\right)\left(|j\rangle_p \otimes |r\rangle_q\right)^*, \quad j = 0, \ldots, 2^p - 1.$$

Die *Messung* eines fest gewählten n-Qbits $v = \sum_{k=0}^{2^n-1} \lambda_k |k\rangle_n \in \mathcal{S}_{\mathcal{H}^{\otimes n}}$ bezüglich dieses Messoperatorsatzes heißt partielle Messung der ersten p Qbits bezüglich der gegebenen Basis und ist die Realisierung der Zufallsvariablen

$$\mathscr{M}_p^v : \Omega \to \Omega'$$

mit einem *Wahrscheinlichkeitsraum* $(\Omega, \mathcal{A}, P)$, einem *Messraum* $(\Omega', \mathscr{P}(\Omega'))$ mit

$$\Omega' := \{0, \ldots, 2^p - 1\}$$

und mit der Verteilung

$$P\left(\{\mathscr{M}_p^v = j\}\right) := p_j := \sum_{r=0}^{2^q-1} |\lambda_{j \cdot 2^q + r}|^2, \quad j = 0, \ldots, 2^p - 1.$$

Nach der Messung mit einem Ergebnis $j \in \Omega'$ befindet sich das n-Qbit im Zustand

$$|j\rangle_p \otimes \sum_{r=0}^{2^q-1} \frac{\lambda_{j \cdot 2^q + r}}{\sqrt{p_j}} |r\rangle_q.$$

Beweis. Analog zum Beweis von Lemma 3.14 auf Seite 75 zeigt man, dass $\{M_0, \ldots, M_{2^p-1}\}$ ein Messoperatorsatz ist (die betrachteten Operatoren sind Summen der Operatoren aus Lemma 3.14 auf Seite 75). Außerdem folgt ebenso

$$M_j^* M_j = M_j$$

und für jedes $v = \sum_{k=0}^{2^n-1} \lambda_k |k\rangle_n \in \mathcal{S}_{\mathcal{H}^{\otimes n}}$ folgt

$$M_j v = \sum_{r=0}^{2^q-1} \left(|j\rangle_p \otimes |r\rangle_q\right)\left(|j\rangle_p \otimes |r\rangle_q\right)^* \sum_{k=0}^{2^n-1} \lambda_k |k\rangle_n$$

$$= \sum_{r=0}^{2^q-1} \sum_{k=0}^{2^n-1} \lambda_k \left(|j\rangle_p \otimes |r\rangle_q \right) \left(|j\rangle_p \otimes |r\rangle_q \right)^* |k\rangle_n$$

$$= \sum_{r=0}^{2^q-1} \lambda_{j \cdot 2^q + r} \left(|j\rangle_p \otimes |r\rangle_q \right) = |j\rangle_p \otimes \sum_{r=0}^{2^q-1} \lambda_{j \cdot 2^q + r} |r\rangle_q \,.$$

Damit gilt

$$p_j := \|M_j v\|^2 = \left\| |j\rangle_p \otimes \sum_{r=0}^{2^q-1} \lambda_{j \cdot 2^q + r} |r\rangle_q \right\|^2 = \left\| \sum_{r=0}^{2^q-1} \lambda_{j \cdot 2^q + r} |r\rangle_q \right\|^2$$

$$= \sum_{r=0}^{2^q-1} |\lambda_{j \cdot 2^q + r}|^2 \,.$$

Der Zustand nach der Messung ist

$$\frac{1}{\sqrt{p_j}} M_j v = |j\rangle_p \otimes \sum_{r=0}^{2^q-1} \frac{\lambda_{j \cdot 2^q + r}}{\sqrt{p_j}} |r\rangle_q \,.$$

$\square$

Nach der Messung der ersten p Qbits spielen diese bei vielen Überlegungen keine Rolle mehr. Betrachtet man nur die letzten q Qbits und setzt $\hat{\lambda}_r := \lambda_{j \cdot 2^q + r}$, so ist der Zustand nach der Messung

$$\sum_{r=0}^{2^q-1} \frac{\hat{\lambda}_r}{\sqrt{p_j}} |r\rangle_q \,.$$

Beispiel 17

Die Messung von einem Bit eines Bell-Zustandes, vergleiche Beispiel 15 auf Seite 72, legt auch das zweite Bit eindeutig fest. Man betrachte etwa

$$\beta_{00} = \frac{1}{\sqrt{2}} \left(|00\rangle + |11\rangle \right) .$$

Die Messung des ersten Bits bezüglich der Standardbasis, d.h. eine Realisierung der Zufallsvariablen $\mathcal{M}_1^v$, ergibt folgende Möglichkeiten:

Ergebnis	Wahrscheinlichkeit	Ergebniszustand
0	$\frac{1}{2}$	$|0\rangle \otimes |0\rangle$
1	$\frac{1}{2}$	$|1\rangle \otimes |1\rangle$

Beispiel 18

Man betrachte ein 2-Qbit v mit

$$v = \frac{1}{\sqrt{2}} \left| 00 \right\rangle - \frac{1}{2} \left| 01 \right\rangle + \frac{1}{2} \left| 10 \right\rangle .$$

Die Messung des ersten Bits bezüglich der Standardbasis, d.h. eine Realisierung der Zufallsvariablen $\mathscr{M}_1^v$, ergibt folgende Möglichkeiten:

Ergebnis	Wahrscheinlichkeit	Ergebniszustand
0	$\frac{3}{4}$	$\left\| 0 \right\rangle \otimes \left(\sqrt{\frac{2}{3}} \left\| 0 \right\rangle - \sqrt{\frac{1}{3}} \left\| 1 \right\rangle \right)$
1	$\frac{1}{4}$	$\left\| 1 \right\rangle \otimes \left\| 0 \right\rangle$

Da nachfolgende einfache Korollar ist eine Umformulierung von Lemma 3.15 auf Seite 77 für den Fall einer speziellen Darstellung eines n-Qbits, die einigen Quantenalgorithmen vorkommt.

Korollar 3.16 *Partielle Messung eines Multi-Qbits (alternative Darstellung)*

Es sei $n \in \mathbb{N}$, $\mathcal{H}$ ein zweidimensionaler $\mathbb{C}$-Hilbertraum und

$$|0\rangle_n, |1\rangle_n, \ldots, |2^n - 2\rangle_n, |2^n - 1\rangle_n$$

die *Standardbasis* von $\mathcal{H}^{\otimes n}$. Ist $p \in \mathbb{N}$ mit $1 \leq p < n$ und $q := n - p$, dann ist durch $\{M_0, \ldots, M_{2^p-1}\}$ ein Messoperatorsatz auf $\mathcal{H}^{\otimes n}$ gegeben, wobei

$$M_j := \sum_{r=0}^{2^q-1} \left(|j\rangle_p \otimes |r\rangle_q\right) \left(|j\rangle_p \otimes |r\rangle_q\right)^*, \quad j = 0, \ldots, 2^p - 1.$$

Die *Messung* eines fest gewählten n-Qbits $v = \sum_{j=0}^{2^p-1} \sum_{r=0}^{2^q-1} \lambda_{j,r} |j\rangle_p \otimes |r\rangle_q \in \mathcal{S}_{\mathcal{H}^{\otimes n}}$ bezüglich dieses Messoperatorsatzes heißt partielle Messung der ersten p Qbits bezüglich der gegebenen Basis und ist die Realisierung der Zufallsvariablen

$$\mathcal{M}_p^v : \Omega \to \Omega'$$

mit einem *Wahrscheinlichkeitsraum* $(\Omega, \mathcal{A}, P)$, einem *Messraum* $(\Omega', \mathscr{P}(\Omega'))$ mit

$$\Omega' := \{0, \ldots, 2^p - 1\}$$

und mit der Verteilung

$$P\left(\{\mathcal{M}_p^v = j\}\right) := p_j := \sum_{r=0}^{2^q-1} |\lambda_{j,r}|^2, \quad j = 0, \ldots, 2^p - 1.$$

Nach der Messung mit einem Ergebnis $j \in \Omega'$ befindet sich das n-Qbit im Zustand

$$|j\rangle_p \otimes \sum_{r=0}^{2^q-1} \frac{\lambda_{j,r}}{\sqrt{p_j}} |r\rangle_q.$$

Beweis. Es gilt

$$v = \sum_{j=0}^{2^p-1} \sum_{r=0}^{2^q-1} \lambda_{j,r} |j\rangle_p \otimes |r\rangle_q = \sum_{k=0}^{2^n-1} \mu_k |k\rangle_n,$$

$$\text{wobei} \quad |j\rangle_n \otimes |r\rangle_q = |j \cdot 2^q + r\rangle_n$$

und aus der Eindeutigkeit der Basisdarstellung folgt damit

$$\mu_{j \cdot 2^q + r} = \lambda_{j,r} \quad \text{für alle} \quad j = 0, \ldots, 2^p - 1, \ k = 0, \ldots, 2^n - 1.$$

Mit Lemma 3.15 auf Seite 77 ergibt sich dann die Aussage. □

Nun soll noch die Besonderheit separabler Zustände festgehalten werden. Das nachfolgende Lemma besagt, dass die partielle Messung eines Teilzustandes in einem separablen Zustand den anderen Teilzustand nicht verändert und dieser auch keinen Einfluss auf das Messergebnis hat. Bezüglich der Messung können daher separable Zustände wie getrennte Systeme behandelt werden.

Lemma 3.17 *Partielle Messung eines separablen Zustands*

Es sei $n \in \mathbb{N}$, $\mathcal{H}$ ein zweidimensionaler $\mathbb{C}$-Hilbertraum und

$$|0\rangle_n, |1\rangle_n, \ldots, |2^n - 2\rangle_n, |2^n - 1\rangle_n$$

die *Standardbasis* von $\mathcal{H}^{\otimes n}$. Weiter sei $v \in \mathcal{S}_{\mathcal{H}^{\otimes n}}$ ein *separabler Multi-Qbit-Zustand* mit einem $p \in \mathbb{N}$ mit $1 < p < n$, $q := n - p$ und

$$v = x \otimes y \quad \text{mit } x = \sum_{k=0}^{2^p - 1} \lambda_k |k\rangle_p \in \mathcal{S}_{\mathcal{H}^{\otimes p}} \text{ und } y = \sum_{r=0}^{2^q - 1} \mu_r |r\rangle_q \in \mathcal{S}_{\mathcal{H}^{\otimes q}}.$$

Dann ist die partielle Messung der ersten p Qbits bezüglich der gegebenen Basis die Realisierung der Zufallsvariablen

$$\mathscr{M}_p^v : \Omega \to \Omega'$$

mit einem *Wahrscheinlichkeitsraum* $(\Omega, \mathcal{A}, P)$, einem *Messraum* $(\Omega', \mathscr{P}(\Omega'))$ mit

$$\Omega' := \{0, \ldots, 2^p - 1\}$$

und mit der Verteilung

$$P\left(\{\mathscr{M}_p^v = j\}\right) := p_j := |\lambda_j|^2, \quad j = 0, \ldots, 2^p - 1.$$

Nach der Messung mit einem Ergebnis $j \in \Omega'$ befindet sich das n-Qbit im Zustand

$$\left(\frac{\lambda_j}{|\lambda_j|} |j\rangle_p\right) \otimes y.$$

Beweis. Es gilt

$$v = x \otimes y = \sum_{k=0}^{2^p - 1} \lambda_k |k\rangle_p \otimes \sum_{r=0}^{2^q - 1} \mu_r |r\rangle_q = \sum_{k=0}^{2^p - 1} \sum_{r=0}^{2^q - 1} \lambda_k \mu_r |k\rangle_p \otimes |r\rangle_q$$

$$= \sum_{k=0}^{2^p - 1} \sum_{r=0}^{2^q - 1} \lambda_k \mu_r |k \cdot 2^q + r\rangle_n = \sum_{j=0}^{2^n - 1} \eta_j |j\rangle_n \quad \text{mit} \quad \eta_{k \cdot 2^q + r} = \lambda_k \mu_r.$$

Mit Lemma 3.15 auf Seite 77 folgt dann für $j = 0, \ldots, 2^p - 1$:

$$P\left(\left\{\mathscr{M}_p^v = j\right\}\right) = p_j = \sum_{r=0}^{2^q-1} |\eta_{j \cdot 2^q + r}|^2 = \sum_{r=0}^{2^q-1} |\lambda_j \mu_r|^2$$

$$= |\lambda_j|^2 \sum_{r=0}^{2^q-1} |\mu_r|^2 = |\lambda_j|^2.$$

Der Ergebniszustand lautet nach Lemma 3.15 auf Seite 77:

$$|j\rangle_p \otimes \sum_{r=0}^{2^q-1} \frac{\eta_{j \cdot 2^q + r}}{\sqrt{p_j}} |r\rangle_q = |j\rangle_p \otimes \sum_{r=0}^{2^q-1} \frac{\lambda_j \mu_r}{|\lambda_j|} |r\rangle_q$$

$$= \left(\frac{\lambda_j}{|\lambda_j|} |j\rangle_p\right) \otimes \sum_{r=0}^{2^q-1} \mu_r |r\rangle_q = \left(\frac{\lambda_j}{|\lambda_j|} |j\rangle_p\right) \otimes y.$$

$\square$

Beispiel 19

Man betrachte ein 2-Qbit v mit

$$v = \frac{1}{\sqrt{6}} |00\rangle - \frac{1}{\sqrt{6}} |01\rangle + \frac{1}{\sqrt{3}} |10\rangle - \frac{1}{\sqrt{3}} |11\rangle.$$

Durch Umformung erkennt man, dass es sich um einen separablen Zustand handelt mit

$$v = \left(\frac{1}{\sqrt{3}} |0\rangle + \sqrt{\frac{2}{3}} |1\rangle\right) \otimes \left(\frac{1}{\sqrt{2}} |0\rangle - \frac{1}{\sqrt{2}} |1\rangle\right).$$

Die Messung des ersten Bits bezüglich der Standardbasis, d.h. eine Realisierung der Zufallsvariablen $\mathscr{M}_1^v$, ergibt folgende Möglichkeiten:

Ergebnis	Wahrscheinlichkeit	Ergebniszustand
0	$\frac{1}{3}$	$\lvert 0\rangle \otimes \left(\frac{1}{\sqrt{2}} \lvert 0\rangle - \frac{1}{\sqrt{2}} \lvert 1\rangle\right)$
1	$\frac{2}{3}$	$\lvert 1\rangle \otimes \left(\frac{1}{\sqrt{2}} \lvert 0\rangle - \frac{1}{\sqrt{2}} \lvert 1\rangle\right)$

Hier sieht man noch einmal deutlich, dass die Ergebniswahrscheinlichkeiten nur von den Koeffizienten des ersten Qbits abhängen und zweite Qbit durch die Messung unverändert bleibt.

3.3 Unitäre Operationen auf Quantenbits (Zeitentwicklung)

Operationen auf Quantenbits entsprechen den Operationen auf Bits eines klassischen Speichers. In deterministischer Weise wird der Speicherinhalt, d.h. der Zustand des Mulit-Qbits, durch eine Operation in einen anderen Zustand übergeführt. In der Quantenmechanik spricht man von *Zeitentwicklung*.

3.3.1 Definition von Gates (Unitäre Operatoren)

Die Anwendung eines unitären Operators auf ein Multi-Qbit wird auch Anwendung eines *Gates* auf das Multi-Qbit genannt.

Definition 3.18: *Unitärer Operator*

Ist V ein $\mathbb{C}$-Hilbertraum, so heißt ein *linearer Operator* $U : V \to V$, ein *unitärer Operator*, falls

$$U^*U = I$$

gilt, wobei $I : V \to V$ die identische Abbildung ist.

Damit hat man $U^{-1} = U^*$ und für ein $v \in V$ mit $\|v\|^2 = 1$ gilt

$$\|Uv\|^2 = \langle Uv, Uv \rangle = \langle U^*Uv, v \rangle = \langle v, v \rangle = 1.$$

Daran sieht man, dass die Einheitssphäre auf die Einheitssphäre abgebildet wird.

Die Tensorpermutationen aus Definition 3.9 auf Seite 70 sind Beispiele für unitäre Operatoren auf $\mathcal{H}^{\otimes n}$, die wir auch als Gates bezeichnen wollen.

Definition 3.19: *Operationen auf Multi-Qbits, Gate*

Es sei $n \in \mathbb{N}$ und $\mathcal{H}$ ein zweidimensionaler $\mathbb{C}$-Hilbertraum. Ein unitärer Operator

$$U : \mathcal{H}^{\otimes n} \to \mathcal{H}^{\otimes n}$$

wird *Gate* genannt und seine Anwendung auf einen n-Qbit-Zustand $v \in \mathcal{S}_{\mathcal{H}^{\otimes n}}$, also die Durchführung von $Uv \in \mathcal{S}_{\mathcal{H}^{\otimes n}}$, nennt man Operation auf dem n-Qbit v.

Eine Operation auf einem Multi-Qbit ist also deterministisch (im Gegensatz zu einer Messung) und ist reversibel (durch Anwendung von $U^{-1} = U^*$).

Bei Vorgabe einer Basis, insbesondere der Standardbasis, lässt sich jeder lineare Operator U auf $\mathcal{H}^{\otimes n}$ mit Hilfe einer Matrix beschreiben. Oft wird für die Matrix derselbe Bezeichner wie für den Operator verwendet, um die Notation kompakt zu halten.

Beispiel 20

Man betrachte $\mathcal{H}^{\otimes 2}$ und die Tensorpermutation P, die die beiden Tensorkomponenten vertauscht. Somit gilt

$$P\left|00\right\rangle = \left|00\right\rangle, \quad P\left|01\right\rangle = \left|10\right\rangle, \quad P\left|10\right\rangle = \left|01\right\rangle, \quad P\left|11\right\rangle = \left|11\right\rangle.$$

Eine Matrixdarstellung für P lautet damit

$$\begin{pmatrix} 1 & 0 & 0 & 0 \\ 0 & 0 & 1 & 0 \\ 0 & 1 & 0 & 0 \\ 0 & 0 & 0 & 1 \end{pmatrix}.$$

3.3.2   Tensorprodukt von Operatoren

Die Konkatenierung von unitären Operatoren ergibt bekanntermaßen selbst wieder einen unitären Operator, d.h. sind A und B zwei unitäre Operatoren auf einem Hilbertraum, so ist AB (genauer $A \circ B$) wieder ein unitärer Operator auf diesem Hilbertraum.

Es lässt sich auch ein Tensorprodukt von unitären Operatoren auf Hilberträumen angeben, welches wieder einen unitären Operator auf dem Produktraum ergibt. Wir formulieren dies gleich für die Anwendung auf Quanten-Zustandsräume.

Definition 3.20:   *Tensorprodukt von Operatoren*

Es sei $\mathcal{H}$ ein zweidimensionaler $\mathbb{C}$-Hilbertraum und es seien $n_1, \ldots, n_m, m \in \mathbb{N}$. Weiter sei für alle $k = 1, \ldots, m$ jeweils ein linearer Operator $A_k : \mathcal{H}^{\otimes n_k} \to \mathcal{H}^{\otimes n_k}$ gegeben. Das *Tensorprodukt* dieser Operatoren sei ein linearer Operator

$$A_1 \otimes \ldots \otimes A_m : \mathcal{H}^{\otimes(n_1 + \ldots + n_m)} \to \mathcal{H}^{\otimes(n_1 + \ldots + n_m)}$$

mit der definierenden Eigenschaft

$$(A_1 \otimes \ldots \otimes A_m)(x_1 \otimes \ldots \otimes x_m) := (A_1 x_1) \otimes \ldots \otimes (A_m x_m)$$
$$\text{für alle } x_k \in \mathcal{H}^{\otimes n_k}, \ k = 1, \ldots, m.$$

Wieder gilt, dass der lineare Operator $A_1 \otimes \ldots \otimes A_m$ durch seine definierende Eigenschaft eindeutig festgelegt ist, da er damit insbesondere auf einer Basis von $\mathcal{H}^{\otimes(n_1 + \ldots + n_m)}$ festgelegt ist.

Lemma 3.21 *Adjungiertes Tensorprodukt und unitäres Tensorprodukt*

Es sei $\mathcal{H}$ ein zweidimensionaler $\mathbb{C}$-Hilbertraum und es seien $n_1, \ldots, n_m, m \in \mathbb{N}$. Weiter sei für alle $k = 1, \ldots, m$ jeweils ein linearer Operator $A_k : \mathcal{H}^{\otimes n_k} \to \mathcal{H}^{\otimes n_k}$ gegeben.

(i) Es gilt

$$(A_1 \otimes \ldots \otimes A_m)^* = A_1{}^* \otimes \ldots \otimes A_m{}^*.$$

(ii) Sind $A_1, \ldots, A_m$ jeweils unitäre Operatoren, so ist auch $A_1 \otimes \ldots \otimes A_m$ ein unitärer Operator.

Beweis. Man betrachte $x_k, y_k \in \mathcal{H}^{\otimes n_k}$, $k = 1, \ldots, m$. Dann gilt:

$$\big\langle (A_1 \otimes \ldots \otimes A_m)^*(x_1 \otimes \ldots \otimes x_m), y_1 \otimes \ldots \otimes y_m \big\rangle$$
$$= \langle x_1 \otimes \ldots \otimes x_m, (A_1 \otimes \ldots \otimes A_m)(y_1 \otimes \ldots \otimes y_m) \rangle$$
$$= \langle x_1 \otimes \ldots \otimes x_m, (A_1 y_1) \otimes \ldots \otimes (A_m y_m) \rangle$$
$$= \langle x_1, A_1 y_1 \rangle \cdot \ldots \cdot \langle x_m, A_m y_m \rangle = \langle A_1{}^* x_1, y_1 \rangle \cdot \ldots \cdot \langle A_m{}^* x_m, y_m \rangle$$
$$= \langle (A_1{}^* x_1) \otimes \ldots \otimes (A_m{}^*) x_m, y_1 \otimes \ldots \otimes y_m \rangle$$
$$= \langle (A_1{}^* \otimes \ldots \otimes A_m{}^*)(x_1 \otimes \ldots \otimes x_m), y_1 \otimes \ldots \otimes y_m \rangle$$

Da die Beziehung somit insbesondere für eine Basis von $\mathcal{H}^{\otimes(n_1 + \ldots + n_m)}$ nachgewiesen wurde, gilt sie für alle Elemente von $\mathcal{H}^{\otimes(n_1 + \ldots + n_m)}$. Aufgrund der Eindeutigkeit des adjungierten Operators folgt damit

$$(A_1 \otimes \ldots \otimes A_m)^* = A_1{}^* \otimes \ldots \otimes A_m{}^*.$$

Sind $A_1, \ldots, A_m$ jeweils unitäre Operatoren, so gilt für alle $x_k \in \mathcal{H}^{\otimes n_k}$, $k = 1, \ldots, m,$:

$$(A_1 \otimes \ldots \otimes A_m)^* (A_1 \otimes \ldots \otimes A_m)(x_1 \otimes \ldots \otimes x_m)$$
$$= (A_1{}^* \otimes \ldots \otimes A_m{}^*)((A_1 x_1) \otimes \ldots \otimes (A_m x_m))$$
$$= (A_1{}^* A_1 x_1) \otimes \ldots \otimes (A_m{}^* A_m x_m)$$
$$= x_1 \otimes \ldots \otimes x_m.$$

Somit ist $(A_1 \otimes \ldots \otimes A_m)^* (A_1 \otimes \ldots \otimes A_m)$ auch auf einer Basis von $\mathcal{H}^{\otimes(n_1 + \ldots + n_m)}$ die Identität, d.h. als lineare Abbildung damit auch auf ganz $\mathcal{H}^{\otimes(n_1 + \ldots + n_m)}$. $\qquad \square$

Ist $A : \mathcal{H} \to \mathcal{H}$ ein Operator, so erhält man die Matrixdarstellung M_A bezüglich der Standardbasis wie folgt:

$$\begin{aligned} A\,|0\rangle &= a_{11}\,|0\rangle + a_{21}\,|1\rangle \\ A\,|1\rangle &= a_{12}\,|0\rangle + a_{22}\,|1\rangle \end{aligned} \quad \Leftrightarrow \quad M_A = \begin{pmatrix} a_{11} & a_{12} \\ a_{21} & a_{22} \end{pmatrix}.$$

Lemma 3.22 *Matrixdarstellung für ein Tensorprodukt von Operatoren*

Es sei $\mathcal{H}$ ein zweidimensionaler $\mathbb{C}$-Hilbertraum und es seien $A : \mathcal{H} \to \mathcal{H}$ und $B : \mathcal{H} \to \mathcal{H}$ zwei Operatoren mit den Matrixdarstellungen

$$M_A := \begin{pmatrix} a_{11} & a_{12} \\ a_{21} & a_{22} \end{pmatrix} \quad \text{und} \quad M_B := \begin{pmatrix} b_{11} & b_{12} \\ b_{21} & b_{22} \end{pmatrix}$$

bezüglich der Standardbasis. Dann gilt für die Matrixdarstellung von $A \otimes B$:

$$M_{A \otimes B} = \begin{pmatrix} a_{11} M_B & a_{12} M_B \\ a_{21} M_B & a_{22} M_B \end{pmatrix} = \begin{pmatrix} a_{11}b_{11} & a_{11}b_{12} & a_{12}b_{11} & a_{12}b_{12} \\ a_{11}b_{21} & a_{11}b_{22} & a_{12}b_{21} & a_{12}b_{22} \\ a_{21}b_{11} & a_{21}b_{12} & a_{22}b_{11} & a_{22}b_{12} \\ a_{21}b_{21} & a_{21}b_{22} & a_{22}b_{21} & a_{22}b_{22} \end{pmatrix}.$$

Beweis. Der Nachweis erfolgt durch einfaches Nachrechnen:

$$\begin{aligned} A \otimes B \,|00\rangle &= (a_{11} |0\rangle + a_{21} |1\rangle) \otimes (b_{11} |0\rangle + b_{21} |1\rangle) \\ &= a_{11}b_{11} |00\rangle + a_{11}b_{21} |01\rangle + a_{21}b_{11} |10\rangle + a_{21}b_{21} |11\rangle. \end{aligned}$$

Analog für die drei anderen Basisvektoren.   □

Lemma 3.22 lässt sich in offensichtlicher Weise auf allgemeine Operatoren bzw. mehrfache Tensorproduktbildung verallgemeinern.

3.3.3   Elementare Gates für ein Qbit

Hier betrachten wir den zweidimensionalen $\mathbb{C}$-Hilbertraum $\mathcal{H}$ mit der Standardbasis $|0\rangle$ und $|1\rangle$. Bereits auf einem einzelnen Qbit lassen sich zahlreiche Gates betrachten, die jeweils unitäre Operatoren auf $\mathcal{H}$ sind. Im Folgenden werden wichtige Beispiele für solche Gates betrachtet. Es wird jeweils auch eine Matrix-Darstellung der Operatoren bezüglich der Standardbasis angegeben.

Das **X**-Gate vertauscht die beiden Basisvektoren, d.h. es gilt:

Definition 3.23: **X***-Gate* (Not-Gate*)*

Ist $\mathcal{H}$ der zweidimensionale Zustandsraum eines Qbits, so heißt der unitäre Operator $\mathbf{X} : \mathcal{H} \to \mathcal{H}$ mit der Matrixdarstellung $M_{\mathbf{X}}$ das **X**-*Gate* oder *Not-Gate*, wenn gilt

$$\begin{aligned} \mathbf{X} |0\rangle &= |1\rangle, \\ \mathbf{X} |1\rangle &= |0\rangle, \end{aligned} \qquad M_{\mathbf{X}} = \begin{pmatrix} 0 & 1 \\ 1 & 0 \end{pmatrix}.$$

Die Anwendung auf einen reinen Zustand bewirkt den Wechsel des Zustandes, d.h. bei Messung hat sich dann der Bitwert geändert.

Definition 3.24: **Y**-*Gate*

Ist $\mathcal{H}$ der zweidimensionale Zustandsraum eines Qbits, so heißt der unitäre Operator $\mathbf{Y} : \mathcal{H} \to \mathcal{H}$ mit der Matrixdarstellung $M_\mathbf{Y}$ das **Y**-*Gate*, wenn gilt

$$\mathbf{Y}\,|0\rangle = i\,|1\rangle\,, \qquad M_\mathbf{Y} = \begin{pmatrix} 0 & -i \\ i & 0 \end{pmatrix}.$$
$$\mathbf{Y}\,|1\rangle = -i\,|0\rangle\,,$$

Auch beim **Y**-Gate werden die Zustände getauscht. Bei Messung ergibt sich hier (zunächst) kein Unterschied zum **X**-Gate.

Definition 3.25: **Z**-*Gate*

Ist $\mathcal{H}$ der zweidimensionale Zustandsraum eines Qbits, so heißt der unitäre Operator $\mathbf{Z} : \mathcal{H} \to \mathcal{H}$ mit der Matrixdarstellung $M_\mathbf{Z}$ das **Z**-*Gate*, wenn gilt

$$\mathbf{Z}\,|0\rangle = |0\rangle\,, \qquad M_\mathbf{Z} = \begin{pmatrix} 1 & 0 \\ 0 & -1 \end{pmatrix}.$$
$$\mathbf{Z}\,|1\rangle = -\,|1\rangle\,,$$

Das **X**-, **Y**-, **Z**-Gate bzw. die Matrixdarstellung wird auch *Pauli-Matrix* genannt.

Definition 3.26: **H**-*Gate* (Hadamard-*Gate*)

Ist $\mathcal{H}$ der zweidimensionale Zustandsraum eines Qbits, so heißt der unitäre Operator $\mathbf{H} : \mathcal{H} \to \mathcal{H}$ mit der Matrixdarstellung $M_\mathbf{H}$ das **H**-*Gate* oder *Hadamard-Gate*, wenn gilt

$$\mathbf{H}\,|0\rangle = \frac{1}{\sqrt{2}}\,(|0\rangle + |1\rangle)\,, \qquad M_\mathbf{H} = \frac{1}{\sqrt{2}} \begin{pmatrix} 1 & 1 \\ 1 & -1 \end{pmatrix}.$$
$$\mathbf{H}\,|1\rangle = \frac{1}{\sqrt{2}}\,(|0\rangle - |1\rangle)\,,$$

Das Hadamard-Gate erzeugt aus einem reinen Zustand einen Zustand, der mit Wahrscheinlichkeit $\frac{1}{2}$ jeweils zu 0 oder zu 1 gemessen wird, d.h. es wird eine Gleichverteilung erzeugt.

Definition 3.27: **P**-*Gate* (Phasen-Gate)

Ist $\mathcal{H}$ der zweidimensionale Zustandsraum eines Qbits, so heißt der unitäre Operator $\mathbf{P} : \mathcal{H} \to \mathcal{H}$ mit der Matrixdarstellung $M_\mathbf{P}$ das **P**-*Gate* oder *Phasen-Gate*, wenn gilt

$$\mathbf{P}\,|0\rangle = |0\rangle\,, \qquad M_\mathbf{P} = \begin{pmatrix} 1 & 0 \\ 0 & i \end{pmatrix}.$$
$$\mathbf{P}\,|1\rangle = i\,|1\rangle\,,$$

Definition 3.28: **T**-*Gate*

Ist $\mathcal{H}$ der zweidimensionale Zustandsraum eines Qbits, so heißt der unitäre Operator $\mathbf{T} : \mathcal{H} \to \mathcal{H}$ mit der Matrixdarstellung $M_\mathbf{T}$ das **T**-*Gate*, wenn gilt

$$\mathbf{T}\,|0\rangle = |0\rangle\,,$$
$$\mathbf{T}\,|1\rangle = \exp(i\frac{\pi}{4})\,|1\rangle\,, \qquad M_\mathbf{T} = \begin{pmatrix} 1 & 0 \\ 0 & \exp(i\frac{\pi}{4}) \end{pmatrix}.$$

Das **I**-Gate ist die Identität und wird der Vollständigkeit halber aufgeführt.

Definition 3.29: **I**-*Gate*

Ist $\mathcal{H}$ der zweidimensionale Zustandsraum eines Qbits, so heißt der unitäre Operator $\mathbf{I} : \mathcal{H} \to \mathcal{H}$ mit der Matrixdarstellung $M_\mathbf{I}$ das **I**-*Gate* oder die identische Abbildung auf $\mathcal{H}$, wenn gilt

$$\mathbf{I}\,|0\rangle = |0\rangle\,,$$
$$\mathbf{I}\,|1\rangle = |1\rangle\,, \qquad M_\mathbf{I} = \begin{pmatrix} 1 & 0 \\ 0 & 1 \end{pmatrix}.$$

Anwendung von Ein-Qbit-Gates auf ein Multi-Qbit

Mit Hilfe des Tensorproduktes für Operatoren lassen sich Ein-Qbit-Gates auch sinngemäß für Multi-Qbits erweitern.

Betrachtet man ein n-Qbit und möchte man z.B. das Hadamard-Gate auf das k-te Qbit anwenden, wobei in der Produktdarstellung von *rechts nach links beginnend mit 0* gezählt werde, so ist der folgende Operator anzuwenden:

$$\mathbf{H}_k := \underbrace{\mathbf{I} \otimes \ldots \otimes \mathbf{I}}_{(n-k-1)\text{-fach}} \otimes \mathbf{H} \otimes \underbrace{\mathbf{I} \otimes \ldots \otimes \mathbf{I}}_{k\text{-fach}}$$

Bei der Komplexitätsbetrachtung für Quantenalgorithmen werden solche Gates nur mit einer bzw. einer konstanten Zahl von Operationen gerechnet.

Beispiel 21

Beispielsweise gilt für $x_k \in \{0, 1\}$:

$$\mathbf{H}_1\left(|x_3\rangle \otimes |x_2\rangle \otimes |x_1\rangle \otimes |x_0\rangle\right) = |x_3\rangle \otimes |x_2\rangle \otimes (\mathbf{H}\,|x_1\rangle) \otimes |x_0\rangle\,.$$

Man erhält damit z.B.

$$\mathbf{H}_1\left(\sqrt{\frac{1}{3}}\,|0000\rangle + \sqrt{\frac{2}{3}}\,|1111\rangle\right)$$
$$= \sqrt{\frac{1}{6}}\,|0000\rangle + \sqrt{\frac{1}{6}}\,|0010\rangle + \sqrt{\frac{1}{3}}\,|1101\rangle - \sqrt{\frac{1}{3}}\,|1111\rangle\,.$$

Beispiel 22

Betrachtet wird ein 2-Qbit und die Anwendung des Hadamard-Gates auf das 0-te oder das 1-te Qbit, also $\mathbf{H}_0 = \mathbf{I} \otimes \mathbf{H}$ und $\mathbf{H}_1 = \mathbf{H} \otimes \mathbf{I}$. Für die Matrixdarstellung gilt dann mit Lemma 3.22 auf Seite 86 jeweils:

$$
M_{\mathbf{H}_0} = \begin{pmatrix} M_H & 0 \\ 0 & M_H \end{pmatrix} = \frac{1}{\sqrt{2}} \begin{pmatrix} 1 & 1 & 0 & 0 \\ 1 & -1 & 0 & 0 \\ 0 & 0 & 1 & 1 \\ 0 & 0 & 1 & -1 \end{pmatrix},
$$

$$
M_{\mathbf{H}_1} = \frac{1}{\sqrt{2}} \begin{pmatrix} M_I & M_I \\ M_I & -M_I \end{pmatrix} = \frac{1}{\sqrt{2}} \begin{pmatrix} 1 & 0 & 1 & 0 \\ 0 & 1 & 0 & 1 \\ 1 & 0 & -1 & 0 \\ 0 & 1 & 0 & -1 \end{pmatrix}.
$$

Es lassen sich natürlich mit Hilfe des Tensorproduktes auch mehrere Ein-Qbit-Gates parallel auf verschiedene Qbits eines Multi-Qbits anwenden. Häufig verwendet wird das mehrfache Hadamard-Gate:

$$
\mathbf{H}^{\otimes n} = \underbrace{\mathbf{H} \otimes \ldots \otimes \mathbf{H}}_{n\text{-fach}}
$$

Beispiel 23

Betrachtet werde ein n-Qbit. Dann gilt:

$$
\mathbf{H}^{\otimes n} \left|0\right\rangle_n = \bigotimes_{i=1}^{n} (\mathbf{H}\left|0\right\rangle) = \bigotimes_{i=1}^{n} \left(\frac{1}{\sqrt{2}} (\left|0\right\rangle + \left|1\right\rangle) \right) = 2^{-\frac{n}{2}} \bigotimes_{i=1}^{n} (\left|0\right\rangle + \left|1\right\rangle)
$$

$$
= 2^{-\frac{n}{2}} \sum_{j=0}^{2^n-1} \left|j\right\rangle_n .
$$

Beispiel 24

Betrachtet werde ein 2-Qbit und das $\mathbf{H}^{\otimes 2}$-Gate. Für die Matrixdarstellung gilt dann mit Lemma 3.22 auf Seite 86:

$$
M_{\mathbf{H}^{\otimes 2}} = \frac{1}{\sqrt{2}} \begin{pmatrix} M_H & M_H \\ M_H & -M_H \end{pmatrix} = \frac{1}{2} \begin{pmatrix} 1 & 1 & 1 & 1 \\ 1 & -1 & 1 & -1 \\ 1 & 1 & -1 & -1 \\ 1 & -1 & -1 & 1 \end{pmatrix}.
$$

3.3.4 Elementare Gates für zwei Qbits

Gates für zwei oder mehr Qbits wurden auch bereits im vorangegangenen Abschnitt betrachtet. Diese waren aber stets als Tensorprodukt von Operatoren für je ein Qbit formuliert und „wirkten" daher nur auf je ein Qbit. Es fehlen noch Operatoren für die Interaktion von Qbits.

Bei zwei Qbits sieht man eines als das „kontrollierende" Qbit an, dessen Zustand die Operation auf dem anderen Qbit steuert. Daher wird auch von einer kontrollierten Operation gesprochen.

Die einfachste Operation dieser Art ist durch die kontrollierte Not-Operation gegeben:

Definition 3.30: **C**-*Gate*

Ist $\mathcal{H}^{\otimes n}$ für $n \geq 2$ der Zustandsraum eines n-Qbits, so heißt der unitäre Operator $\mathbf{C}_{pq} : \mathcal{H}^{\otimes n} \to \mathcal{H}^{\otimes n}$ mit $n - 1 \geq p > q \geq 0$ das **C**-*Gate* oder *CNOT-Gate* oder *Controlled-Note-Gate*, wenn für alle $x, y \in \mathbb{B}$ und $0 \leq a < 2^{n-1-p}$, $0 \leq b < 2^{p-q-1}$, $0 \leq c < 2^q$ gilt

$$\mathbf{C}_{pq} \, |a\rangle_{n-1-p} \, |x\rangle \, |b\rangle_{p-q-1} \, |y\rangle \, |c\rangle_q = |a\rangle_{n-1-p} \, |x\rangle \, |b\rangle_{p-q-1} \, |y \oplus x\rangle \, |c\rangle_q .$$

Analog sei $\mathbf{C}_{qp}$ definiert.

Für $n = 2$ gilt für alle $x, y \in \mathbb{B}$:

$$\mathbf{C}_{10} \, |x\rangle \, |y\rangle = |x\rangle \, |y \oplus x\rangle , \qquad M_{\mathbf{C}_{10}} = \begin{pmatrix} 1 & 0 & 0 & 0 \\ 0 & 1 & 0 & 0 \\ 0 & 0 & 0 & 1 \\ 0 & 0 & 1 & 0 \end{pmatrix} .$$

Definition 3.31: **S**-*Gate*

Ist $\mathcal{H}^{\otimes n}$ für $n \geq 2$ der Zustandsraum eines n-Qbits, so heißt der unitäre Operator $\mathbf{S}_{pq} : \mathcal{H}^{\otimes n} \to \mathcal{H}^{\otimes n}$ mit $n - 1 \geq p > q \geq 0$ das **S**-*Gate* oder *Swap-Gate*, wenn für alle $x, y \in \mathbb{B}$ und $0 \leq a < 2^{n-1-p}$, $0 \leq b < 2^{p-q-1}$, $0 \leq c < 2^q$ gilt

$$\mathbf{S}_{pq} \, |a\rangle_{n-1-p} \, |x\rangle \, |b\rangle_{p-q-1} \, |y\rangle \, |c\rangle_q = |a\rangle_{n-1-p} \, |y\rangle \, |b\rangle_{p-q-1} \, |x\rangle \, |c\rangle_q .$$

Analog sei $\mathbf{S}_{qp}$ definiert.

Für $n = 2$ gilt für alle $x, y \in \mathbb{B}$:

$$\mathbf{S}_{10} \, |x\rangle \, |y\rangle = |y\rangle \, |x\rangle , \qquad M_{\mathbf{S}_{10}} = \begin{pmatrix} 1 & 0 & 0 & 0 \\ 0 & 0 & 1 & 0 \\ 0 & 1 & 0 & 0 \\ 0 & 0 & 0 & 1 \end{pmatrix} .$$

3.3.5   Gates für Boolesche Funktionen

Für $\mathbb{B} = \{0, 1\}$ ist eine klassische bitwertige *Boolesche Funktion* in n Stellen eine Abbildung

$$\mathbb{B}^n \to \mathbb{B} .$$

Verwendet man die die Elemente von $\mathbb{B}^n$ zur Binärdarstellung einer Zahl (bijektive Abbildung), so lässt sich die Boolesche Funktion kompakt als Abbildung

$$f : \{0, 1, 2, \ldots, 2^n - 1\} \to \mathbb{B}$$

schreiben. Identifiziert man die Elemente der Definitionsmenge mit den Basisvektoren eines Zustandsraumes $\mathcal{H}^{\otimes n}$, so lässt sich ein quantenmechanisches Gate $\mathbf{U}_f$ definieren, welches der Abbildung zugeordnet werden kann. Um $\mathbf{U}_f$ als unitären Operator schreiben zu können, definiert man $\mathbf{U}_f$ über:

Definition 3.32: $\mathbf{U}_f$-*Gate*

Ist $\mathcal{H}^{\otimes(n+1)}$ der Zustandsraum eines $(n+1)$-Qbits und ist

$$f : \{0, 1, 2, \ldots, 2^n - 1\} \to \mathbb{B}$$

eine n-stellige Boolesche Funktion, so heißt der unitäre Operator $\mathbf{U}_f : \mathcal{H}^{\otimes(n+1)} \to \mathcal{H}^{\otimes(n+1)}$ das $\mathbf{U}_f$-*Gate*, wenn gilt

$$\mathbf{U}_f |x\rangle_n |y\rangle_1 = |x\rangle_n |y \oplus f(x)\rangle_1 , \quad \text{für alle } x \in \{0, 1, 2, \ldots, 2^n - 1\}, \, y \in \mathbb{B}.$$

Dabei bedeutet $\oplus$ die binäre Addition, siehe Beispiel 2 auf Seite 13. Es gilt dann

$$\begin{aligned}
\mathbf{U}_f\mathbf{U}_f\left(|x\rangle_n |y\rangle_1\right) &= \mathbf{U}_f\left(|x\rangle_n |y \oplus f(x)\rangle_1\right) \\
&= |x\rangle_n |y \oplus f(x) \oplus f(x)\rangle_1) = |x\rangle_n |y\rangle_1 .
\end{aligned}$$

Insbesondere ist $\mathbf{U}_f^{-1} = \mathbf{U}_f$ und $\mathbf{U}_f$ somit ein Automorphismus. $\mathbf{U}_f$ permutiert die Basisvektoren von $\mathcal{H}^{\otimes(n+1)}$ und ist als Permutation unitär.

Beispiel 25

Man betrachte eine n-stellige Boolsche Funktion $f : \{0, 1, 2, \ldots, 2^n - 1\} \to \mathbb{B}$ und die Anwendung von $\mathbf{U}_f$ auf $\mathbf{H}_0 |x\rangle_n |1\rangle$, d.h. die Anwendung auf

$$\mathbf{H}_0 |x\rangle_n |1\rangle = \frac{1}{\sqrt{2}} \left(|x\rangle_n |0\rangle - |x\rangle_n |1\rangle\right) = |x\rangle_n \otimes \frac{|0\rangle - |1\rangle}{\sqrt{2}}$$

Damit folgt

$$\begin{aligned}
\mathbf{U}_f\mathbf{H}_0 |x\rangle_n |1\rangle &= |x\rangle_n \otimes \frac{|f(x)\rangle - |1 \oplus f(x)\rangle}{\sqrt{2}} = |x\rangle_n \otimes \frac{(-1)^{f(x)}(|0\rangle - |1\rangle)}{\sqrt{2}} \\
&= (-1)^{f(x)} \cdot |x\rangle_n \otimes \frac{|0\rangle - |1\rangle}{\sqrt{2}}.
\end{aligned}$$

3.3.6   Quanten-Fouriertransformation

Die Fouriertransformation lässt sich in naheliegender Weise für Quantenbits formulieren.

Definition 3.33: $\mathbf{F}^{\otimes n}$-*Gate (Fouriertransformation)*

Ist $\mathcal{H}^{\otimes n)}$ der Zustandsraum eines n-Qbits, so heißt der unitäre Operator
$\mathbf{F}^{\otimes n} : \mathcal{H}^{\otimes n} \to \mathcal{H}^{\otimes n}$ das $\mathbf{F}^{\otimes n}$-*Gate (Fouriertransformation)*, wenn gilt

$$\mathbf{F}^{\otimes n} \left|x\right\rangle_n = 2^{-\frac{n}{2}} \sum_{y=0}^{2^n-1} \exp\left(2\pi i \frac{xy}{2^n}\right) \left|y\right\rangle_n, \quad \text{für alle } x \in \{0, \dots, 2^n - 1\}.$$

Die Schreibweise $\mathbf{F}^{\otimes n}$ wurde der Lesbarkeit halber gewählt. Die mögliche Unterstellung, dass dieses Gate das Tensorprodukt von Gates für ein Qbit ist, ist nicht richtig, auch wenn man dies bisweilen in der Literatur liest. Allerdings gibt es eine handliche Produktdarstellung, wie gleich zu sehen sein wird.

Die Unitarität des Operators $\mathbf{F}^{\otimes n}$ wird in folgendem Satz nachgewiesen, in dem die inverse Fouriertransformation behandelt wird.

Satz 3.34   *Inverse Fouriertransformation*

Ist $\mathcal{H}^{\otimes n)}$ der Zustandsraum eines n-Qbits und $\mathbf{F}^{\otimes n} : \mathcal{H}^{\otimes n} \to \mathcal{H}^{\otimes n}$ sei das $\mathbf{F}^{\otimes n}$-*Gate*. Dann ist die inverse Fouriertransformation gegeben durch

$$\left(\mathbf{F}^{\otimes n}\right)^{-1} = \left(\mathbf{F}^{\otimes n}\right)^*$$

Es gilt für alle $x \in \{0, \dots, 2^n - 1\}$:

$$\left(\mathbf{F}^{\otimes n}\right)^{-1} \left|x\right\rangle_n = 2^{-\frac{n}{2}} \sum_{y=0}^{2^n-1} \exp\left(-2\pi i \frac{xy}{2^n}\right) \left|y\right\rangle_n.$$

Beweis.   Sei $\mathbf{U} : \mathcal{H}^{\otimes n} \to \mathcal{H}^{\otimes n}$ mit

$$\mathbf{U} \left|z\right\rangle_n = 2^{-\frac{n}{2}} \sum_{y=0}^{2^n-1} \exp\left(-2\pi i \frac{zy}{2^n}\right) \left|y\right\rangle_n, \quad \text{für alle } z \in \{0, \dots, 2^n - 1\}.$$

Dann gilt:

$$\langle \mathbf{U} |z\rangle_n, |x\rangle_n \rangle = \left\langle 2^{-\frac{n}{2}} \sum_{y=0}^{2^n-1} \exp\left(-2\pi i \frac{zy}{2^n}\right) |y\rangle_n, |x\rangle_n \right\rangle$$

$$= 2^{-\frac{n}{2}} \sum_{y=0}^{2^n-1} \overline{\exp\left(-2\pi i \frac{zy}{2^n}\right)} \langle |y\rangle_n, |x\rangle_n \rangle$$

$$= 2^{-\frac{n}{2}} \exp\left(2\pi i \frac{zx}{2^n}\right) = 2^{-\frac{n}{2}} \sum_{y=0}^{2^n-1} \exp\left(2\pi i \frac{yx}{2^n}\right) \langle |z\rangle_n, |y\rangle_n \rangle$$

$$= \left\langle |z\rangle_n, 2^{-\frac{n}{2}} \sum_{y=0}^{2^n-1} \exp\left(2\pi i \frac{yx}{2^n}\right) |y\rangle_n \right\rangle = \langle |z\rangle_n, \mathbf{F}^{\otimes n} |x\rangle_n \rangle$$

Somit ist $\left(\mathbf{F}^{\otimes n}\right)^* = \mathbf{U}$. Weiter gilt

$$\left(\mathbf{F}^{\otimes n}\right)^* \mathbf{F}^{\otimes n} |x\rangle_n = \left(\mathbf{F}^{\otimes n}\right)^* \left(2^{-\frac{n}{2}} \sum_{y=0}^{2^n-1} \exp\left(2\pi i \frac{xy}{2^n}\right) |y\rangle_n\right)$$

$$= 2^{-\frac{n}{2}} \sum_{y=0}^{2^n-1} \exp\left(2\pi i \frac{xy}{2^n}\right) \left(\mathbf{F}^{\otimes n}\right)^* |y\rangle_n$$

$$= 2^{-\frac{n}{2}} \sum_{y=0}^{2^n-1} \exp\left(2\pi i \frac{xy}{2^n}\right) 2^{-\frac{n}{2}} \sum_{z=0}^{2^n-1} \exp\left(-2\pi i \frac{yz}{2^n}\right) |z\rangle_n$$

$$= 2^{-n} \sum_{y=0}^{2^n-1} \sum_{z=0}^{2^n-1} \exp\left(2\pi i \frac{y(x-z)}{2^n}\right) |z\rangle_n$$

$$= 2^{-n} \sum_{z=0}^{2^n-1} \left(\sum_{y=0}^{2^n-1} \exp\left(2\pi i \frac{x-z}{2^n}\right)^y\right) |z\rangle_n = |x\rangle_n.$$

Die letzte Umformung ergibt sich daraus, dass für $z = x$ die innere Summe 2^n ergibt, und für $z \neq x$ die geometrische Summenformel gilt:

$$\sum_{y=0}^{2^n-1} \exp\left(2\pi i \frac{x-z}{2^n}\right)^y = \frac{1 - \exp\left(2\pi i \frac{x-z}{2^n}\right)^{2^n}}{1 - \exp\left(2\pi i \frac{x-z}{2^n}\right)} = \frac{1 - \exp\left(2\pi i (x-z)\right)}{1 - \exp\left(2\pi i \frac{x-z}{2^n}\right)}$$

$$= \frac{1 - 1}{1 - \exp\left(2\pi i \frac{x-z}{2^n}\right)} = 0.$$

$\square$

Satz 3.35 *Produktdarstellung der Fouriertransformation*

Ist $\mathcal{H}^{\otimes n}$ der Zustandsraum eines n-Qbits und $\mathbf{F}^{\otimes n} : \mathcal{H}^{\otimes n} \to \mathcal{H}^{\otimes n}$ sei das $\mathbf{F}^{\otimes n}$-*Gate*. Für $x = \sum\limits_{j=0}^{n-1} x_j 2^j \in \{0, \dots, 2^n - 1\}$ mit $x_j \in \mathbb{B}, j = 0, \dots, n - 1$, gilt:

$$\mathbf{F}^{\otimes n} \left| x \right\rangle_n = \mathbf{F}^{\otimes n} \left| x_{n-1} x_{n-2} \dots x_1 x_0 \right\rangle$$

$$= 2^{-\frac{n}{2}} \bigotimes_{m=1}^{n} \left(\left| 0 \right\rangle + \exp\left(2\pi i \frac{x}{2^m} \right) \left| 1 \right\rangle \right)$$

$$= 2^{-\frac{n}{2}} \bigotimes_{m=1}^{n} \left(\left| 0 \right\rangle + \exp\left(2\pi i \sum_{j=0}^{m-1} \frac{x_j}{2^{m-j}} \right) \left| 1 \right\rangle \right).$$

Beweis. Die erste Produktdarstellung ergibt sich aus der Beobachtung für $y = 2^{n-m}$, dass

$$\exp\left(2\pi i \frac{xy}{2^n} \right) \left| y \right\rangle_n = \exp\left(2\pi i \frac{x 2^{n-m}}{2^n} \right) \left| 2^{n-m} \right\rangle_n$$

$$= \exp\left(2\pi i \frac{x}{2^m} \right) \left| 0 \right\rangle_{m-1} \left| 1 \right\rangle \left| 0 \right\rangle_{n-m}.$$

Die zweite Produktdarstellung folgt aus

$$\exp\left(2\pi i \frac{x}{2^m} \right) = \exp\left(2\pi i \sum_{j=0}^{n-1} \frac{x_j 2^j}{2^m} \right)$$

$$= \exp\left(2\pi i \sum_{j=0}^{m-1} \frac{x_j}{2^{m-j}} + 2\pi i \sum_{j=m}^{n-1} x_j 2^{j-m} \right)$$

$$= \exp\left(2\pi i \sum_{j=0}^{m-1} \frac{x_j}{2^{m-j}} \right) \prod_{j=m}^{n-1} \exp\left(2\pi i x_j 2^{j-m} \right)$$

$$= \exp\left(2\pi i \sum_{j=0}^{m-1} \frac{x_j}{2^{m-j}} \right).$$

$\square$

4 Quantenalgorithmen für Quantencomputer

4.1 Das Grundprinzip der Quantenalgorithmen

Quantenalgorithmen auf Quantencomputern verfolgen das gleiche Ziel wie klassische Algorithmen auf klassischen Computern: Zu einer gegebenen Problemstellung mit gewissen gegebenen Eingangsdaten, die sich in einen endlichen Speicher ablegen lassen, werden Ausgangsdaten berechnet, die ebenfalls einen nur endlich großen Speicher befüllen.

In Kapitel 3 wurde die mathematische Modellierung eines Quantencomputers formuliert, dessen Speicher ein Multi-Qbit ist. Die Besonderheit gegenüber klassischen Computern besteht darin, dass der Speicherinhalt aus einem drastisch größeren Zustandsraum stammt. Dies wird aber dadurch kompensiert, dass die Speicherzustände nicht beobachtet werden können, sondern durch Messung wieder auf eine Zustandsmenge zurückgeführt werden, die dem klassischen Computer entspricht.

Ein Quantenalgorithmus besteht typischerweise aus folgenden Teilschritten:

1. Einspeisung von Eingangsdaten (einem klassischen Bittupel), die als reiner Multi-Qbit-Zustand umgesetzt werden.

2. Durchführung von deterministischen quantenmechanischen Operationen auf dem Speicher, d.h. Anwendung von einem oder mehreren unitären Operatoren auf das Multi-Qbit.

3. Messung des Multi-Qbits, d.h. Durchführung eines Zufallsexperimentes. Als Ergebnis erhält man die Ausgangsdaten (ein klassisches Bittupel).

4.2 Der Deutsch-Algorithmus

4.2.1 Zielsetzung

Der dem Prinzip nach auf David Deutsch [6, 14] zurückgehende Algorithmus ist ein besonders einfaches Beispiel, um die Besonderheit von Quantenalgorithmen zu demonstrieren. Man betrachtet dazu eine Boolesche Funktion

$$f : \mathbb{B} \to \mathbb{B}, \tag{4.1}$$

deren Funktionsvorschrift unbekannt sei. Die Funktion wird als *ausgeglichen* bezeichnet, falls sie die beiden möglichen Funktionswerte 0 und 1 jeweils annimmt, und sie wird als *konstant* bezeichnet, falls $f(x) = f(y)$ für alle $x, y \in \mathbb{B}$ gilt.

Mit einem Algorithmus soll entschieden werden, ob die Funktion f ausgeglichen oder konstant ist.

Die naheliegende klassische Lösung besteht darin, dass man die Funktionswerte $f(0)$ und $f(1)$ bestimmt und miteinander vergleicht, d.h. zur Lösung sind zwei Funktionsauswertungen notwendig.

4.2.2   Formulierung des Verfahrens

Die Entscheidung, ob die Funktion f ausgeglichen ist oder nicht, wird mit Hilfe eines $\mathbf{U}_f$-Gates getroffen. Als Speicher wird ein 2-Qbit verwendet, und die formale Darstellung des Verfahrens lautet:

$$
\begin{aligned}
\psi_0 &:= |01\rangle\,; \\
\psi_1 &:= \mathbf{H}^{\otimes 2}\psi_0; \\
\psi_2 &:= \mathbf{U}_f\psi_1; \\
\psi_3 &:= \mathbf{H}_1\psi_2; \\
Y &:= \mathscr{M}_1^{\psi_3}.
\end{aligned}
$$

$Y = \mathscr{M}_1^{\psi_3}$ ist die Zufallsvariable zur partiellen Messung des ersten Qbits, siehe Lemma 3.15 auf Seite 77. Ist f konstant, so ist die Zufallsvariable Y P-fast sicher 0, und ist f ausgeglichen, so ist die Zufallsvariable Y P-fast sicher 1.

Die Einzelschritte des Verfahrens werden nun erläutert.

$$
\psi_1 := \mathbf{H}^{\otimes 2}\psi_0 = \mathbf{H}^{\otimes 2}|01\rangle = (\mathbf{H}|0\rangle)\otimes(\mathbf{H}|1\rangle) = \frac{|0\rangle+|1\rangle}{\sqrt{2}}\otimes\frac{|0\rangle-|1\rangle}{\sqrt{2}}
$$

$$
= \frac{1}{\sqrt{2}}\sum_{x=0}^{1}|x\rangle\otimes\frac{|0\rangle-|1\rangle}{\sqrt{2}}. \tag{4.2}
$$

In Beispiel 25 auf Seite 91 wurde bereits allgemein gezeigt

$$
\mathbf{H}_0|x\rangle_n|1\rangle = |x\rangle_n\otimes\frac{|0\rangle-|1\rangle}{\sqrt{2}}, \quad \mathbf{U}_f\mathbf{H}_0|x\rangle_n|1\rangle = (-1)^{f(x)}\cdot|x\rangle_n\otimes\frac{|0\rangle-|1\rangle}{\sqrt{2}}.
$$

Damit folgt

$$
\psi_2 := \mathbf{U}_f\psi_1 = \frac{1}{\sqrt{2}}\sum_{x=0}^{1}(-1)^{f(x)}\cdot|x\rangle\otimes\frac{|0\rangle-|1\rangle}{\sqrt{2}}
$$

$$
= \frac{1}{\sqrt{2}}\left((-1)^{f(0)}|0\rangle+(-1)^{f(1)}|1\rangle\right)\otimes\frac{|0\rangle-|1\rangle}{\sqrt{2}}. \tag{4.3}
$$

Weiter gilt

$$\psi_3 := \mathbf{H}_1 \psi_2$$

$$= \frac{1}{2} \left((-1)^{f(0)} |0\rangle + (-1)^{f(0)} |1\rangle + (-1)^{f(1)} |0\rangle - (-1)^{f(1)} |1\rangle \right) \otimes \frac{|0\rangle - |1\rangle}{\sqrt{2}}$$

$$= \left(\frac{(-1)^{f(0)} + (-1)^{f(1)}}{2} |0\rangle + \frac{(-1)^{f(0)} - (-1)^{f(1)}}{2} |1\rangle \right) \otimes \frac{|0\rangle - |1\rangle}{\sqrt{2}}$$

$$= \pm |f(0) \oplus f(1)\rangle \otimes \frac{|0\rangle - |1\rangle}{\sqrt{2}}$$

$$= \begin{cases} \pm |0\rangle \otimes \frac{|0\rangle - |1\rangle}{\sqrt{2}}, & \text{für } f(0) = f(1), \\ \pm |1\rangle \otimes \frac{|0\rangle - |1\rangle}{\sqrt{2}}, & \text{für } f(0) \neq f(1). \end{cases} \tag{4.4}$$

Die partielle Messung des ersten Qbits durch Realisierung von $Y = \mathscr{M}_1^{\psi_3}$ ergibt somit P-fast sicher 0, falls f konstant ist, und P-fast sicher 1, falls f ausgeglichen ist.

4.3 Der Deutsch-Jozsa-Algorithmus

4.3.1 Zielsetzung

Die Verallgemeinerung des Algorithmus von Deutsch geht auf David Deutsch und Richard Jozsa [7, 14] zurück. Man betrachtet eine n-stellige Boolesche Funktion

$$f : \{0, 1, 2, \ldots, 2^n - 1\} \to \mathbb{B}, \tag{4.5}$$

deren Funktionsvorschrift unbekannt sei, von der aber bekannt sein soll, dass sie entweder ausgeglichen oder konstant ist. Die Funktion wird als *ausgeglichen* bezeichnet, falls sie die beiden möglichen Funktionswerte 0 und 1 jeweils für die Hälfte der Argumente annimmt, und sie wird als *konstant* bezeichnet, falls $f(x) = f(y)$ für alle $x, y \in \{0, 1, 2, \ldots, 2^n - 1\}$ gilt.

Mit einem Algorithmus soll entschieden werden, ob die Funktion f ausgeglichen oder konstant ist.

Ein klassisches Verfahren benötigt $2^{n-1} + 1$ Funktionsauswertungen, um die Fragestellung *sicher* zu beantworten. Stochastisch lässt sich mit deutlich weniger Funktionsauswertungen die Frage mit einer gewissen Fehlerwahrscheinlichkeit entscheiden.

4.3.2   Formulierung des Verfahrens

Definition 4.1:   *Hadamard-Funktion*

Die *Hadamard-Funktion* h sei definiert über

$$h : \mathbb{N}_0^2 \to \mathbb{B},$$

$$(x, y) \mapsto \bigoplus_{j=0}^{m} x_j \odot y_j, \quad \text{mit } x_j, y_j \in \mathbb{B}, \quad x = \sum_{j=0}^{m} x_j 2^j, \quad y = \sum_{j=0}^{m} y_j 2^j,$$

d.h. $h(x,y) = 1$ genau dann, wenn in der Binärdarstellung von x und y beide Zahlen eine ungeradzahlige Anzahl von Ziffern 1 an gleichen Positionen besitzen.

Lemma 4.2   *Vielfaches Hadamard-Gate mit Standardbasis*

Es sei $\mathcal{H}^{\otimes n}$ für ein $n \in \mathbb{N}$ der Zustandsraum eines n-Qbits mit der Standardbasis. Dann gilt

$$\mathsf{H}^{\otimes n} |x\rangle = 2^{-\frac{n}{2}} \sum_{y=0}^{2^n-1} (-1)^{h(x,y)} |y\rangle_n \quad \text{für alle} \quad x \in \{0, \dots, 2^n - 1\}.$$

Die Matrixdarstellung von $\mathsf{H}^{\otimes n}$ bezüglich der Standardbasis lautet

$$M_{\mathsf{H}^{\otimes n}} = \left((-1)^{h(i,j)} \right)_{i=0,\dots,2^n-1,\ j=0,\dots,2^n-1}.$$

Beweis.   Es sei im Weiteren jeweils

$$x = \sum_{j=0}^{n-1} x_j 2^j, \quad y = \sum_{j=0}^{n-1} y_j 2^j, \quad \text{mit } x_j, y_j \in \mathbb{B}.$$

Es gilt

$$\mathsf{H}^{\otimes n} |x\rangle = \bigotimes_{j=0}^{n-1} \mathsf{H} |x_{n-1-j}\rangle = 2^{-\frac{n}{2}} \bigotimes_{j=0}^{n-1} \left(|0\rangle + (-1)^{x_{n-1-j}} |1\rangle \right)$$

$$= 2^{-\frac{n}{2}} \sum_{y=0}^{2^n-1} (-1)^{x_{n-1} \odot y_{n-1} \oplus \dots \oplus x_0 \odot y_0} |y\rangle_n$$

$$= 2^{-\frac{n}{2}} \sum_{y=0}^{2^n-1} (-1)^{h(x,y)} |y\rangle_n.$$

$\square$

Die Entscheidung, ob die Funktion f ausgeglichen ist oder konstant, wird erneut mit Hilfe eines $\mathbf{U}_f$-Gates getroffen. Als Speicher wird ein $(n+1)$-Qbit verwendet, und die formale Darstellung des Verfahrens lautet:

$$
\begin{aligned}
\psi_0 &:= |0\rangle_n |1\rangle\,; \\
\psi_1 &:= \mathbf{H}^{\otimes(n+1)}\psi_0; \\
\psi_2 &:= \mathbf{U}_f\psi_1; \\
\psi_3 &:= \left(\mathbf{H}^{\otimes n}\otimes \mathbf{I}\right)\psi_2; \\
Y &:= \mathscr{M}_n^{\psi_3}.
\end{aligned}
$$

$Y = \mathscr{M}_n^{\psi_3}$ ist die Zufallsvariable zur partiellen Messung der ersten n Qbits, siehe Lemma 3.15 auf Seite 77, mit Ergebniswerten aus $\{0, \ldots, 2^n - 1\}$. Ist f konstant, so ist die Zufallsvariable Y P-fast sicher 0, und ist f ausgeglichen, so ist die Zufallsvariable Y P-fast sicher größer als 0.

Die Einzelschritte des Verfahrens werden nun erläutert.

Mit Beispiel 23 auf Seite 89 gilt:

$$
\begin{aligned}
\psi_1 &:= \mathbf{H}^{\otimes(n+1)}\psi_0 = \mathbf{H}^{\otimes n}\otimes \mathbf{H}\left(|0\rangle_n |1\rangle\right) = \left(\mathbf{H}^{\otimes n}|0\rangle_n\right)\otimes\left(\mathbf{H}|1\rangle\right) \\
&= 2^{-\frac{n}{2}}\sum_{x=0}^{2^n-1}|x\rangle_n \otimes \frac{|0\rangle - |1\rangle}{\sqrt{2}}.
\end{aligned}
\tag{4.6}
$$

In Beispiel 25 auf Seite 91 wurde bereits allgemein gezeigt

$$
\mathbf{H}_0|x\rangle_n|1\rangle = |x\rangle_n \otimes \frac{|0\rangle - |1\rangle}{\sqrt{2}}, \quad \mathbf{U}_f\mathbf{H}_0|x\rangle_n|1\rangle = (-1)^{f(x)}\cdot|x\rangle_n \otimes \frac{|0\rangle - |1\rangle}{\sqrt{2}}.
$$

Damit folgt

$$
\psi_2 := \mathbf{U}_f\psi_1 = 2^{-\frac{n}{2}}\sum_{x=0}^{2^n-1}(-1)^{f(x)}\cdot|x\rangle_n \otimes \frac{|0\rangle - |1\rangle}{\sqrt{2}}.
\tag{4.7}
$$

Weiter gilt

$$\psi_3 := \left(\mathbf{H}^{\otimes n} \otimes \mathbf{I}\right) \psi_2 = \left(\mathbf{H}^{\otimes n} \otimes \mathbf{I}\right) 2^{-\frac{n}{2}} \sum_{x=0}^{2^n-1} (-1)^{f(x)} \cdot |x\rangle_n \otimes \frac{|0\rangle - |1\rangle}{\sqrt{2}}$$

$$= 2^{-\frac{n}{2}} \sum_{x=0}^{2^n-1} (-1)^{f(x)} \cdot \mathbf{H}^{\otimes n} |x\rangle_n \otimes \frac{|0\rangle - |1\rangle}{\sqrt{2}}$$

$$= \frac{1}{2^n} \sum_{x=0}^{2^n-1} (-1)^{f(x)} \cdot \sum_{y=0}^{2^n-1} (-1)^{h(x,y)} |y\rangle_n \otimes \frac{|0\rangle - |1\rangle}{\sqrt{2}}$$

$$= \frac{1}{2^n} \sum_{y=0}^{2^n-1} \left(\sum_{x=0}^{2^n-1} (-1)^{h(x,y)+f(x)} \right) \cdot |y\rangle_n \otimes \frac{|0\rangle - |1\rangle}{\sqrt{2}}$$

$$= \left[\underbrace{\frac{1}{2^n} \left(\sum_{x=0}^{2^n-1} (-1)^{f(x)} \right)}_{a_0 :=} \cdot |0\rangle_n + \frac{1}{2^n} \sum_{y=1}^{2^n-1} \left(\sum_{x=0}^{2^n-1} (-1)^{h(x,y)+f(x)} \right) \cdot |y\rangle_n \right]$$

$$\otimes \frac{|0\rangle - |1\rangle}{\sqrt{2}}. \tag{4.8}$$

Ist f konstant, so ist $a_0 = 1$ oder $a_0 = -1$. Da ψ_3 auf 1 normiert ist, folgt in diesem Fall

$$\psi_3 = \pm |0\rangle_n \otimes \frac{|0\rangle - |1\rangle}{\sqrt{2}}, \tag{4.9}$$

d.h. bei partieller Messung der ersten n Qbits erhält man 0 mit Wahrscheinlichkeit 1.

Ist f ausgeglichen, so ist $a_0 = 0$, d.h. bei Messung erhält man das Ergebnis 0 mit Wahrscheinlichkeit 1 *nicht*.

4.4 Der Grover-Algorithmus

4.4.1 Zielsetzung

Der nach Lov Grover benannte Quanten-Suchalgorithmus [8, 14] sucht aus N gegebenen Elementen einer Menge eines heraus, welches eine vorgegebene Eigenschaft besitzt. Die Elemente können beispielsweise Einträge einer Datenbank sein, z.B. ein Telefonbuch, und die vorgegebene Eigenschaft ein Teil eines Datensatzes, z.B. eine Telefonnummer. Die konsekutive Suche nach einem gewünschten Element benötigt im Schnitt $\frac{N}{2}$ Zugriffe auf die Datenbank, falls es nur eine Lösung gibt. Gibt es $M > 1$ mögliche Lösungen, so führt die konsekutive oder zufällige Suche natürlich im Schnitt mit weniger Zugriffen zum Ziel, z.B. bei der Suche nach Telefonbucheinträgen mit Rufnummern, die die Zahlenfolge „123" enthalten.

Der Einfachheit halber werden $N = 2^n$ Elemente betrachtet, die eindeutig durch einen Index aus $\{0, \ldots, 2^n - 1\}$ identifizierbar seien. Die Funktionsvorschrift einer n-stelligen Booleschen Funktion

$$f : \{0, 1, 2, \ldots, 2^n - 1\} \to \mathbb{B}, \tag{4.10}$$

sei derart, dass $f(x) = 1$ für gesuchte Indizes x sei, und $f(x) = 0$ sonst. Dann ist

$$M := | \{x | f(x) = 1\} | = |f^{-1}(\{1\})| . \tag{4.11}$$

Der Algorithmus hat nun die Aufgabe, mindestens ein $x \in \{0, 1, 2, \ldots, 2^n - 1\}$ zu finden mit der Eigenschaft

$$f(x) = 1.$$

Man kann dies als Invertierung der Abbildung f bezeichnen (genauer: Urbildsuche).

4.4.2 Formulierung des Verfahrens

Die Entscheidungsfindung, ob ein zu untersuchendes $x \in \{0, 1, 2, \ldots, 2^n - 1\}$ eine Lösung darstellt, wird oft als Befragung eines Orakels bezeichnet. Hier betrachten wir ein $\mathbf{U}_f$-Gate, obwohl die Entscheidung auch oft effizient von einem klassischen Algorithmus gefällt werden kann. Als Speicher wird ein $(n + 1)$-Qbit verwendet. Mit $R := \left\lceil \frac{\pi}{4} \sqrt{\frac{M}{N}} \right\rceil$ lautet die formale Darstellung des Verfahrens:

$$
\begin{aligned}
&\psi_0 := |0\rangle_n |1\rangle ; \\
&\psi_1 := \mathbf{H}^{\otimes(n+1)} \psi_0; \\
\text{Schleife für } r = 1, \ldots, R : \quad & \\
&\hat{\psi}_{r+1} := \mathbf{U}_f \psi_r; \\
&\psi_{r+1} := \left((\mathbf{H}^{\otimes n}(2 |0\rangle_n \langle 0|_n - \mathbf{I}^{\otimes n})\mathbf{H}^{\otimes n}) \otimes \mathbf{I} \right) \hat{\psi}_{r+1}; \\
\text{Schleifenende} \quad & \\
&Y := \mathscr{M}_n^{\psi_{R+1}}.
\end{aligned}
$$

$Y = \mathscr{M}_n^{\psi_{R+1}}$ ist die Zufallsvariable zur partiellen Messung der ersten n Qbits, siehe Lemma 3.15 auf Seite 77, mit Ergebniswerten aus $\{0, \ldots, 2^n - 1\}$. Mit hoher Wahrscheinlichkeit ist das Ergebnis eine Lösung der Problemstellung.

Die Einzelschritte des Verfahrens werden nun erläutert.

Mit Beispiel 23 auf Seite 89 gilt:

$$
\begin{aligned}
\psi_1 := \mathbf{H}^{\otimes(n+1)} \psi_0 &= \mathbf{H}^{\otimes n} \otimes \mathbf{H} \left(|0\rangle_n |1\rangle \right) = \left(\mathbf{H}^{\otimes n} |0\rangle_n \right) \otimes \left(\mathbf{H} |1\rangle \right) \\
&= \sum_{x=0}^{2^n-1} 2^{-\frac{n}{2}} |x\rangle_n \otimes \frac{|0\rangle - |1\rangle}{\sqrt{2}}.
\end{aligned} \tag{4.12}
$$

In einer rekursiven Vorgehensweise werden nun Folgen $(\alpha_{r,0})_{r\in\mathbb{N}}$ und $(\alpha_{r,1})_{r\in\mathbb{N}}$ definiert, wobei der Rekursionsstart wie folgt festgelegt wird:

$$\alpha_{1,0} := 2^{-\frac{n}{2}} \quad \text{und} \quad \alpha_{1,1} := 2^{-\frac{n}{2}}. \tag{4.13}$$

Induktiv wird gezeigt, dass gilt

$$\psi_r = \sum_{x=0}^{2^n-1} \alpha_{r,f(x)} |x\rangle_n \otimes \frac{|0\rangle - |1\rangle}{\sqrt{2}}, \quad \text{für } r \geq 1. \tag{4.14}$$

Der Induktionsanfang für $r = 1$ ist bereits nachgewiesen durch (4.12) und (4.13).

In Beispiel 25 auf Seite 91 wurde bereits allgemein gezeigt

$$\mathbf{U}_f \left(|x\rangle_n \otimes \frac{|0\rangle - |1\rangle}{\sqrt{2}} \right) = (-1)^{f(x)} \cdot |x\rangle_n \otimes \frac{|0\rangle - |1\rangle}{\sqrt{2}}. \tag{4.15}$$

Damit folgt

$$\hat{\psi}_{r+1} := \mathbf{U}_f \psi_r = \sum_{x=0}^{2^n-1} (-1)^{f(x)} \cdot \alpha_{r,f(x)} \cdot |x\rangle_n \otimes \frac{|0\rangle - |1\rangle}{\sqrt{2}}. \tag{4.16}$$

$2 |0\rangle_n \langle 0|_n - \mathbf{I}^{\otimes n}$ ist eine *Householder*-Spiegelung, die den Basisvektor $|0\rangle_n$ unverändert lässt und alle anderen Basisvektoren jeweils spiegelt, d.h.

$$\left(2 |0\rangle_n \langle 0|_n - \mathbf{I}^{\otimes n} \right) |x\rangle_n = \begin{cases} |0\rangle_n, & \text{für } x = 0, \\ -|x\rangle_n, & \text{für } x > 0. \end{cases}$$

Es gilt dann

$$\begin{aligned} \hat{G} &:= \mathbf{H}^{\otimes n} \left(2 |0\rangle_n \langle 0|_n - \mathbf{I}^{\otimes n} \right) \mathbf{H}^{\otimes n} \\ &= 2 \left(\mathbf{H}^{\otimes n} |0\rangle_n \right) \left(\langle 0|_n \mathbf{H}^{\otimes n} \right) - \mathbf{H}^{\otimes n} \mathbf{I}^{\otimes n} \mathbf{H}^{\otimes n} \\ &= 2 \left(2^{-\frac{n}{2}} \sum_{z=0}^{2^n-1} |z\rangle_n \right) \left(2^{-\frac{n}{2}} \sum_{y=0}^{2^n-1} \langle y|_n \right) - \mathbf{I}^{\otimes n} \\ &= 2^{1-n} \sum_{z=0}^{2^n-1} \sum_{y=0}^{2^n-1} |z\rangle_n \langle y|_n - \mathbf{I}^{\otimes n}. \end{aligned} \tag{4.17}$$

Weiter gilt mit zunächst beliebigen Koeffizienten $a_x \in \mathbb{C}$, dass

$$
\hat{G} \sum_{x=0}^{2^n-1} a_x |x\rangle_n = \sum_{x=0}^{2^n-1} a_x \hat{G} |x\rangle_n
$$

$$
= \sum_{x=0}^{2^n-1} a_x \left(2^{1-n} \sum_{z=0}^{2^n-1} \sum_{y=0}^{2^n-1} |z\rangle_n \langle y|_n |x\rangle_n - \mathsf{I}^{\otimes n} |x\rangle_n \right)
$$

$$
= \sum_{x=0}^{2^n-1} a_x \left(2^{1-n} \sum_{z=0}^{2^n-1} |z\rangle_n - |x\rangle_n \right)
$$

$$
= \sum_{x=0}^{2^n-1} \left(2^{1-n} \sum_{z=0}^{2^n-1} a_z - a_x \right) |x\rangle_n
$$

$$
= \sum_{x=0}^{2^n-1} \left(2 \left(\frac{1}{2^n} \sum_{z=0}^{2^n-1} a_z \right) - a_x \right) |x\rangle_n . \tag{4.18}
$$

Ist nun speziell $a_x = (-1)^{f(x)} \cdot \alpha_{r,f(x)}$ aus (4.16), so gilt insbesondere

$$
\frac{1}{2^n} \sum_{z=0}^{2^n-1} a_z = \frac{1}{2^n} \sum_{z=0}^{2^n-1} (-1)^{f(z)} \cdot \alpha_{r,f(z)}
$$

$$
= \frac{1}{2^n} \cdot M \cdot (-1)^1 \cdot \alpha_{r,1} + \frac{1}{2^n} \cdot (2^n - M) \cdot (-1)^0 \cdot \alpha_{r,0}
$$

$$
= -\frac{M}{2^n} \cdot \alpha_{r,1} + \left(1 - \frac{M}{2^n}\right) \cdot \alpha_{r,0}.
$$

Mit (4.16) und (4.18) folgt die Darstellung

$$
\psi_{r+1} = (\hat{G} \otimes \mathsf{I})\hat{\psi}_{r+1} = \sum_{x=0}^{2^n-1} \alpha_{r+1,f(x)} |x\rangle_n \otimes \frac{|0\rangle - |1\rangle}{\sqrt{2}}, \tag{4.19}
$$

wenn die Folgenglieder $\alpha_{r+1,0}$ und $\alpha_{r+1,1}$ wie folgt gesetzt werden:

$$
\alpha_{r+1,0} = 2 \left(\frac{1}{2^n} \sum_{z=0}^{2^n-1} a_z \right) - (-1)^0 \cdot \alpha_{r,0}
$$

$$
= 2 \left(-\frac{M}{2^n} \cdot \alpha_{r,1} + \left(1 - \frac{M}{2^n}\right) \cdot \alpha_{r,0} \right) - \alpha_{r,0}
$$

$$
= \left(1 - \frac{M}{2^{n-1}}\right) \cdot \alpha_{r,0} - \frac{M}{2^{n-1}} \cdot \alpha_{r,1}
$$

$$
= \alpha_{r,0} - \frac{M}{2^{n-1}} (\alpha_{r,0} + \alpha_{r,1}). \tag{4.20}
$$

$$\alpha_{r+1,1} = 2 \left(\frac{1}{2^n} \sum_{z=0}^{2^n-1} a_z \right) - (-1)^1 \cdot \alpha_{r,1}$$

$$= 2 \left(-\frac{M}{2^n} \cdot \alpha_{r,1} + (1 - \frac{M}{2^n}) \cdot \alpha_{r,0} \right) + \cdot \alpha_{r,1}$$

$$= (2 - \frac{M}{2^{n-1}}) \cdot \alpha_{r,0} + (1 - \frac{M}{2^{n-1}}) \cdot \alpha_{r,1}.$$

$$= 2\alpha_{r,0} + \alpha_{r,1} - \frac{M}{2^{n-1}}(\alpha_{r,0} + \alpha_{r,1}). \tag{4.21}$$

Die Koeffizientenfolgen $(\alpha_{r,0})_{r\in\mathbb{N}}$ und $(\alpha_{r,1})_{r\in\mathbb{N}}$ sind somit über (4.13), (4.20) und (4.21) eindeutig rekursiv festgelegt und durch den Induktionsschritt von r auf $r+1$ in (4.19) ist die Formel (4.14) nun allgemein nachgewiesen.

Im nächsten Schritt wird eine explizite Darstellung der Koeffizienten hergeleitet. Aufgrund der rekursiven Definition sind die Koeffizientenfolgen $(\alpha_{r,0})_{r\in\mathbb{N}}$ und $(\alpha_{r,1})_{r\in\mathbb{N}}$ rein reelle Folgen und es gilt mit der Normierung von ψ_r jeweils

$$(2^n - M)\alpha_{r,0}^2 + M\alpha_{r,1}^2 = 1 \quad \text{für alle } r \in \mathbb{N}. \tag{4.22}$$

Insbesondere folgt mit dem Ansatz

$$\alpha_{1,0} = \frac{1}{\sqrt{2^n - M}} \cos\frac{\beta}{2} \quad \text{und} \quad \alpha_{1,1} = \frac{1}{\sqrt{M}} \sin\frac{\beta}{2} \tag{4.23}$$

aus (4.13), dass

$$\frac{1}{\sqrt{2^n - M}} \cos\frac{\beta}{2} = \frac{1}{\sqrt{2^n}} \quad \Rightarrow \quad \cos\frac{\beta}{2} = \sqrt{\frac{2^n - M}{2^n}}, \quad \sin\frac{\beta}{2} = \sqrt{\frac{M}{2^n}}.$$

Somit hat man

$$\beta = \arcsin\sqrt{\frac{M}{2^n}}. \tag{4.24}$$

Allgemein betrachtet man

$$\alpha_{r,0} = \frac{1}{\sqrt{2^n - M}} \cos\varphi_r \quad \text{und} \quad \alpha_{r,1} = \frac{1}{\sqrt{M}} \sin\varphi_r, \tag{4.25}$$

so dass folgt

$$\cos \varphi_{r+1} = \sqrt{2^n - M} \cdot \alpha_{r+1,0}$$

$$= \sqrt{2^n - M} \cdot \left((1 - \frac{M}{2^{n-1}}) \cdot \alpha_{r,0} - \frac{M}{2^{n-1}} \cdot \alpha_{r,1} \right)$$

$$= (1 - \frac{M}{2^{n-1}}) \cos \varphi_r - \sqrt{2^n - M} \cdot \frac{\sqrt{M}}{2^{n-1}} \cdot \sin \varphi_r$$

$$= (1 - 2\frac{M}{2^n}) \cos \varphi_r - 2\sqrt{\frac{2^n - M}{2^n}} \cdot \sqrt{\frac{M}{2^n}} \cdot \sin \varphi_r$$

$$= (1 - 2 \sin^2 \frac{\beta}{2}) \cos \varphi_r - 2 \cos \frac{\beta}{2} \cdot \sin \frac{\beta}{2} \cdot \sin \varphi_r$$

$$= \cos \beta \cdot \cos \varphi_r - \sin \beta \cdot \sin \varphi_r = \cos(\varphi_r + \beta).$$

Man erhält somit

$$\varphi_r = \frac{2r - 1}{2}\beta. \tag{4.26}$$

Insgesamt ist also nun eine explizite Darstellung der Koeffizientenfolgen und damit der Zustände ψ_r gefunden.

Als letzten Schritt ermitteln wir die optimale Iterationszahl für den Algorithmus. Dazu betrachtet man die Wahrscheinlichkeit dafür, dass die Messung eine Lösung y der Aufgabenstellung ergibt, also ein y mit $f(y) = 1$. Mit (4.14), (4.25) und (4.26) beträgt diese Wahrscheinlichkeit:

$$P\left(\{f(Y) = 1\}\right) = M\alpha_{R+1,1}^2 = \sin^2 \varphi_{R+1} = \left(\sin\left(\frac{2R+1}{2}\beta\right) \right)^2. \tag{4.27}$$

Die optimale Iteraionszahl R ist daher wie folgt zu wählen:

$$\frac{2R+1}{2}\beta \approx \frac{\pi}{2} \quad \Rightarrow \quad 2R+1 \approx \frac{\pi}{2} \cdot \frac{1}{\frac{\beta}{2}}$$

$$\Rightarrow \quad R \approx \frac{\pi}{4} \cdot \frac{1}{\frac{\beta}{2}} - \frac{1}{2} = \frac{\pi}{4} \cdot \frac{1}{\arcsin \sqrt{\frac{M}{2^n}}} - \frac{1}{2}.$$

Unter Verwendung der Reihenentwicklung des arcsin für $M \ll 2^n$ erhält man

$$R \approx \frac{\pi}{4} \cdot \frac{1}{\arcsin \sqrt{\frac{M}{2^n}}} - \frac{1}{2} \lessapprox \frac{\pi}{4}\sqrt{\frac{2^n}{M}}. \tag{4.28}$$

Beispiel 26

Für $n = 30$ etwa sind über eine Milliarde Elemente zu durchsuchen, wobei beispielsweise nur ein Element eine Lösung darstellen soll, also $M = 1$. Dann ist

$$R \approx 25736.$$

Die Wahrscheinlichkeit, dass eine Messung mit dieser Iterationszahl die gesuchte Lösung ausgibt, ist mit (4.27) nahezu 1.

4.5   Der Shor-Algorithmus

4.5.1   Anwendungshintergrund: Das RSA-Verschlüsselungsverfahren

Der Auslöser für das breite Interesse an Quantencomputern und Quantenalgorithmen auch jenseits der Fachwelt war sicher das Verfahren von Peter Shor [21] zur *Faktorisierung* von Zahlen. Der Grund dafür ist nicht eine neu entdeckte Liebe zu Grundlagen der *Zahlentheorie*, sondern die möglichen Konsequenzen für die aktuellen Verschlüsselungsverfahren, deren Sicherheit auf der „De-facto-Unzerlegbarkeit" der Produkte großer Primzahlen beruht.

Vor der Diskussion des Faktorisierungsverfahrens soll daher kurz das Grundprinzip des *RSA-Verschlüsselungsverfahrens* vorgestellt werden, um die Bedeutung der Faktorisierung zu unterstreichen und die Anwendung zu beleuchten. Das Verfahren trägt seinen Namen nach Rivest, Shamir und Adleman, die es 1978 veröffentlichten [16]. Es handelt sich um ein sogenanntes *Public-Key-Verfahren* [3]. Ein *öffentlicher Schlüssel* wird von einem Nachrichten-Absender zur Verschlüsselung einer Nachricht verwendet. Nur ein *privater Schlüssel* kann die verschlüsselte Nachricht wieder entschlüsseln (so die Absicht), so dass nur der richtige Nachrichten-Empfänger den unverschlüsselten Inhalt der Nachricht lesen kann.

Beim RSA-Verfahren werden diese beiden Schlüssel wie folgt erzeugt:

1. Bestimmung von zwei unterschiedlichen (und großen) Primzahlen p und q. In der Praxis werden solche Primzahlen stochastisch erzeugt und mit Primzahltests auf ihre Primzahleigenschaft hin validiert.

2. Berechnung von $n = p \cdot q$ und $\varphi(n) = (p-1)(q-1)$. Bei $\varphi(n)$ handelt es sich um die *Eulersche φ-Funktion*, die die Anzahl der zu n teilerfremden Zahlen kleiner als n angibt.

3. Wahl einer Zahl e mit $1 < e < \varphi(n)$ und $\mathrm{ggT}(e, \varphi(n)) = 1$.
   Der öffentliche Schlüssel ist (e, n).

4. Berechnung der Zahl $d = e^{-1} \pmod{\varphi(n)}$, d.h. $e \cdot d = 1 \pmod{\varphi(n)}$.
   Der private Schlüssel ist (d, n).

Nun wird die *Verschlüsselung* einer Nachricht m betrachtet, wobei hier $0 \leq m < n$ angenommen wird (sonst erfolgt eine blockweise Zerlegung). Die verschlüsselte Nachricht c wird mit Hilfe des öffentlichen Schlüssels (e, n) berechnet wie folgt

$$c = m^e \pmod{n}. \tag{4.29}$$

Die verschlüsselte Nachricht c wird zum Empfänger übertragen, der mit Hilfe des privaten Schlüssels (d, n) die ursprüngliche Nachricht erhält über

$$m = c^d \pmod{n}. \tag{4.30}$$

Das Funktionieren der Entschlüsselung ist durch das nachfolgende Lemma abgesichert.

Lemma 4.3 *RSA-Kongruenz*

Es seien p, q zwei Primzahlen mit $p \neq q$ und $n := p \cdot q$. Weiter seien e und d zwei Zahlen mit $\text{ggT}(e, \varphi(n)) = 1$ und $e \cdot d = 1 \pmod{\varphi(n)}$. Dann gilt

$$m^{ed} \equiv m \pmod{n} \quad \text{für alle} \quad 0 \leq m < n.$$

Beweis. Aus $e \cdot d = 1 \pmod{\varphi(n)}$ folgt die Existenz von $r \in \mathbb{N}_0$ mit

$$r \cdot \varphi(n) = e \cdot d - 1.$$

Ist $m = 0$, so ist nichts zu zeigen, d.h. sei im Weiteren $1 < m < n$. Dann gilt also

$$\text{ggT}(m, n) \in \{1, p, q\}.$$

Im Fall $\text{ggT}(m, n) = 1$ folgt

$$m^{ed} = m^{r \cdot \varphi(n) + 1} = \left(m^{\varphi(n)}\right)^r \cdot m \equiv m \pmod{n},$$

da nach dem Satz von Euler-Fermat gilt

$$m^{\varphi(n)} \equiv 1 \pmod{n}.$$

Im Fall $\text{ggT}(m, n) = p$ teilt p die Zahl m, so dass

$$m^{ed} \equiv m \pmod{p}$$

gilt. Der kleine fermatsche Satz $m^{q-1} \equiv 1 \bmod q$ liefert zudem

$$m^{ed} = m^{r \cdot \varphi(n) + 1} = m^{r(p-1)(q-1) + 1} = \left(m^{q-1}\right)^{r(p-1)} \cdot m \equiv m \pmod{q},$$

so dass der chinesische Restsatz schließlich ergibt

$$m^{ed} \equiv m \pmod{pq} \quad \Rightarrow \quad m^{ed} \equiv m \pmod{n}.$$

Analog verläuft der Fall $\text{ggT}(m, n) = q$. $\qquad\square$

Die Sicherheit des RSA-Verfahrens ergibt sich aus der Schwierigkeit, den privaten Schlüssel nachzubilden, wenn man die Faktorisierung $n = p \cdot q$ nicht kennt. Tatsächlich kann man auch mit weniger Wissen die Nachricht entschlüsseln [14], aber eine erfolgreiche Faktorisierung würde die Verschlüsselung brechen. Es sei betont, dass die Faktorisierung natürlich keineswegs unmöglich ist, sondern lediglich *aufwendig*. Nach allen bekannten Algorithmen ist die Komplexität exponentiell groß, aber es gibt auch dafür keinen allgemeinen Nachweis. Nachfolgend betrachten wir nun einen Faktorisierungsalgorithmus mit Hilfe eines Quantenverfahrens.

4.5.2   Primfaktorzerlegung durch Ordnungsbestimmung

Die Verallgemeinerung des Anwendungsproblems aus dem vorhergehenden Abschnitt ist die Primfaktorzerlegung einer beliebigen Zahl $n \in \mathbb{N}$ mit $n > 2$, d.h. die Auffindung der Darstellung

$$n = p_1^{\alpha_1} \cdot \ldots \cdot p_m^{\alpha_m}, \tag{4.31}$$

wobei $p_1, \ldots, p_m$ paarweise verschiedene Primzahlen sind und $\alpha_1, \ldots, \alpha_m \in \mathbb{N}$, $m \in \mathbb{N}$.

Für die Binärdarstellung der Zahl n werden

$$L := \lceil \log_2(n+1) \rceil = \lfloor \log_2 n \rfloor + 1 \tag{4.32}$$

Binärstellen verwendet, da

$$2^{L-1} \le n \le 2^L - 1.$$

Alle bekannten klassischen Algorithmen benötigen mindestens $\mathrm{O}\left(L \cdot 2^{\frac{L}{2}}\right)$ Operationen zur Ermittlung eines Primfaktors, falls $m > 1$. Bezogen auf die Stellenzahl von n ist die Komplexität also exponentiell groß.

Jetzt betrachten wir ein klassisches Verfahren, welches ein *Unterprogramm* zur sogenannten Ordnungsbestimmung verwendet. Ohne die Komplexität des Unterprogramms einzubeziehen, benötigt das jetzt vorgestellte Verfahren nur $\mathrm{O}\left(L^3\right)$ Operationen zur Ermittlung eines Primfaktors, hat also nur eine polynomiale Komplexität. Das *Unterprogramm* hat mit den bekannten klassischen Verfahren zur Ordnungsbestimmung exponentielle Komplexität, aber auf einem Quantencomputer ist die Ordnungsbestimmung mit polynomialer Komplexität möglich. In Abschnitt 4.5.3 wird der quantenmechanische Anteil des Unterprogramms beschrieben. Das Ergebnis wird dann aber noch durch ein in Abschnitt 4.5.4 beschriebenes Verfahren nachbearbeitet.

Definition 4.4:   *Ordnung von a modulo n*

Es seien $a, n \in \mathbb{N}$ mit $a < n$ und $\mathrm{ggT}(a, n) = 1$. Dann heißt die kleinste Zahl $r \in \mathbb{N}$ mit

$$a^r \equiv 1 \pmod{n}$$

die *Ordnung* von a modulo n.

Beispiel 27

Ist $n = 13$ und $a = 5$, so ist $r = 4$ die Ordnung von 5 modulo 13, da

$$5^4 \equiv 1 \pmod{13},$$

aber die Gleichung für kleinere Exponenten nicht erfüllt ist.

Die Ordnung ist stets kleiner oder gleich n, wie das folgende einfache Lemma zeigt.

Lemma 4.5 *Größe der Ordnung*

Es seien $a, n \in \mathbb{N}$ mit $a < n$ und $\mathrm{ggT}(a, n) = 1$. Dann gibt es eine *Ordnung* r von a modulo n, und es gilt:

$$1 \leq r \leq n.$$

Beweis. Man betrachte $a^s \pmod{n}$ für $s = 1, 2, \ldots$. Da es nur n Zahlen modulo n gibt, muss somit $1 \leq s_1 < s_2$ existieren mit

$$a^{s_2} = a^{s_1} \pmod{n} \quad \Rightarrow \quad a^{s_2 - s_1} = 1 \pmod{n}.$$

Wir nehmen nun an, dass $r > n$ ist. Nun betrachte man wie eben $a^s \pmod{n}$ für $s = 1, 2, \ldots$ Da es nur n Zahlen modulo n gibt, muss somit $1 \leq r_1 < r_2 < r$ existieren mit

$$a^{r_2} = a^{r_1} \pmod{n} \quad \Rightarrow \quad a^{r_2 - r_1} = 1 \pmod{n}.$$

Da $1 \leq r_2 - r_1 < r$ gilt, ist $r > n$ widerlegt. $\qquad\square$

Satz 4.6 *Faktorbestimmung über die Ordnung*

Es seien $a, n \in \mathbb{N}$ mit $a < n$ und $\mathrm{ggT}(a, n) = 1$. r sei die *Ordnung* von a modulo n. Falls r gerade ist und falls $a^{\frac{r}{2}} + 1 \not\equiv 0 \pmod{n}$, dann sind

$$1 < \mathrm{ggT}(a^{\frac{r}{2}} + 1, n) < n \quad \text{und} \quad 1 < \mathrm{ggT}(a^{\frac{r}{2}} - 1, n) < n$$

zwei nichttriviale Faktoren von n.

Beweis. Unter der Voraussetzung, dass r gerade ist, gilt

$$\left(a^{\frac{r}{2}} + 1\right)\left(a^{\frac{r}{2}} - 1\right) = a^r - 1 \equiv 0 \pmod{n}.$$

Da n die Zahl $a^r - 1$ teilt, besitzt somit n mit $a^{\frac{r}{2}} + 1$ oder mit $a^{\frac{r}{2}} - 1$ einen gemeinsamen Faktor, d.h.

$$\mathrm{ggT}(a^{\frac{r}{2}} + 1, n) > 1 \quad \text{oder} \quad \mathrm{ggT}(a^{\frac{r}{2}} - 1, n) > 1.$$

Da aufgrund der Voraussetzung $a^{\frac{r}{2}} + 1 \not\equiv 0 \pmod{n}$ und aufgrund der Ordnungsdefinition $a^{\frac{r}{2}} \not\equiv 1 \pmod{n}$, also $a^{\frac{r}{2}} - 1 \not\equiv 0 \pmod{n}$, kann n kein Teiler der einzelnen Faktoren sein, also

$$\mathrm{ggT}(a^{\frac{r}{2}} + 1, n) < n \quad \text{und} \quad \mathrm{ggT}(a^{\frac{r}{2}} - 1, n) < n.$$

Also besitzt n mit $\mathrm{ggT}(a^{\frac{r}{2}} + 1, n)$ oder mit $\mathrm{ggT}(a^{\frac{r}{2}} - 1, n)$ einen nichttrivialen Faktor, aber damit auch mit dem jeweils anderen. $\qquad\square$

Beispiel 28

Ist $n = 12$ und $a = 5$, so ist $r = 2$ die Ordnung von 5 modulo 12, da

$$5^2 \equiv 1 \pmod{12},$$

aber die Gleichung für kleinere Exponenten nicht erfüllt ist. Die Ordnung ist gerade und $5^1 + 1 = 6 \not\equiv 0 \pmod{12}$. Als Faktoren von 12 erhält man

$$\mathrm{ggT}(5^1 + 1, 12) = \mathrm{ggT}(6, 12) = 6, \quad \mathrm{ggT}(5^1 - 1, 12) = \mathrm{ggT}(4, 12) = 4.$$

Beispiel 29

In der Situation von Beispiel 27 auf Seite 108 ist Satz 4.6 auf der vorherigen Seite nicht anwendbar, da

$$5^{\frac{4}{2}} + 1 = 26 \equiv 0 \pmod{13}.$$

Im Umkehrschluss gilt natürlich allgemein, dass für Primzahlen n die Voraussetzungen von Satz 4.6 auf der vorherigen Seite niemals erfüllt sein können. Für die allgemeine Anwendung ist es daher wichtig zu wissen, wie wahrscheinlich es ist, dass die Voraussetzungen des Satzes erfüllt sind.

Satz 4.7 *Voraussetzungen zur Faktorbestimmung*

Es seien $n \in \mathbb{N}$ ungerade und

$$n = p_1^{\alpha_1} \cdot \ldots \cdot p_m^{\alpha_m},$$

wobei $p_1, \ldots, p_m$ paarweise verschiedene Primzahlen sind und $\alpha_1, \ldots, \alpha_m \in \mathbb{N}, m \in \mathbb{N}$. Wird $a \in \mathbb{N}$ mit $a < n$ und $\mathrm{ggT}(a, n) = 1$ gleichverteilt in einem Zufallsexperiment ermittelt und ist r die *Ordnung* von a modulo n, so gilt

$$P\left(\left\{r \text{ ist gerade und } a^{\frac{r}{2}} + 1 \not\equiv 0 (\mathrm{mod}\, n)\right\}\right) \geq 1 - \frac{1}{2^{m-1}}.$$

Beweis. [14] □

Besitzt also ein ungerades n mindestens zwei unterschiedliche Primfaktoren, so ist die Wahrscheinlichkeit der Anwendbarkeit von Satz 4.6 auf der vorherigen Seite mindestens $\frac{1}{2}$.

Damit lässt sich nun folgendes Verfahren (benannt nach G. L. Miller) zur Bestimmung eines nichttrivialen Faktors für n angeben:

Schritt 1: Falls n gerade ist, ist 2 ein nichttrivialer Faktor von n (Stop).

Schritt 2: Prüfung, ob $n = a^b$ für eine Zahl $a \geq 3$ und $b \geq 2$ gilt. In diesem Fall würde gelten:

$$b = \log_a n = \frac{\log_2 n}{\log_2 a} < \lceil \log_2(n+1) \rceil = L.$$

Daher berechne man für alle[1] $2 \leq b \leq L$ die Zahlen $a_1, a_2 \in \mathbb{N}$ mit

$$2^{\frac{\log_2 n}{b}} - 1 < a_1 \leq 2^{\frac{\log_2 n}{b}} \leq a_2 < 2^{\frac{\log_2 n}{b}} + 1$$

und prüfe $a_1^b = n$ und $a_2^b = n$. Bei erfolgreicher Prüfung ist a_1 bzw. a_2 ein nichttrivialer Faktor von n (Stop).

Schritt 3: Man bestimme gleichverteilt ein $a \in \{2, \ldots, n-1\}$. Falls $\mathrm{ggT}(a, n) > 1$, so ist $\mathrm{ggT}(a, n)$ ein nichttrivialer Faktor von n (Stop).

Schritt 4: $\boxed{\text{Man berechne die Ordnung } r \text{ von } a \text{ modulo } n.}$

Schritt 5: Falls r gerade ist und falls $a^{\frac{r}{2}} + 1 \not\equiv 0 \pmod{n}$, dann sind

$$1 < \mathrm{ggT}(a^{\frac{r}{2}} + 1, n) < n \quad \text{und} \quad 1 < \mathrm{ggT}(a^{\frac{r}{2}} - 1, n) < n$$

zwei nichttriviale Faktoren von n (Stop).

Schritt 6: Gehe zu Schritt 3.

Das Verfahren benötigt ohne Berücksichtigung des vierten Schrittes $\mathrm{O}\left(L^3\right)$ Operationen (Komplexität des Euklidischen Algorithmus) für einen Durchlauf. Das Verfahren terminiert nicht, wenn n eine Primzahl ist. Da anderenfalls die Erfolgswahrscheinlichkeit von Schritt 5 mindestens gleich $\frac{1}{2}$ ist, terminiert der Algorithmus spätestens nach k Durchläufen mit der Wahrscheinlichkeit $1 - (\frac{1}{2})^k$.

Weiß man, dass $n = p \cdot q$ für zwei Primzahlen $p > 2$ und $q > 2$ gilt, so kann direkt mit Schritt 3 begonnen werden.

Offen geblieben ist die Ordnungsberechnung in Schritt 4. Diese wird in den beiden nachfolgenden Abschnitten behandelt.

4.5.3 Quantenalgorithmus zur Ordnungsbestimmung durch Phasenschätzung

Der nun folgende Algorithmus berechnet in der Vorgehensweise von [14, 21] nicht direkt die Ordnung r von a modulo n, sondern ergibt mit einer wählbar hohen Wahrscheinlichkeit eine gute Approximation für einen Bruch

$$\frac{s}{r} \quad \text{mit} \quad 0 \leq s \leq r. \tag{4.33}$$

Unter geeigneten Voraussetzungen lässt sich daraus die Zahl r ermitteln, wie im nächsten Abschnitt 4.5.4 gezeigt wird.

---

[1] Dieses Vorgehen lässt sich offensichtlich noch optimieren.

Definition 4.8:   *Exponentialgate* $\mathbf{E}_a$*-Gate*

Sind $m, n, a, L \in \mathbb{N}$ mit $1 < n < 2^L$ und $a < n$ und ist $\mathcal{H}^{\otimes(m+L)}$ der Zustandsraum eines $(m + L)$-Qbits, so heißt der unitäre Operator $\mathbf{E}_a : \mathcal{H}^{\otimes(m+L)} \to \mathcal{H}^{\otimes(m+L)}$ das $\mathbf{E}_a$*-Gate* (*Exponentialgate*), wenn für alle $x \in \{0, \ldots, 2^m - 1\}$ gilt:

$$\mathbf{E}_a \left|x\right\rangle_m \left|y\right\rangle_L = \begin{cases} \left|x\right\rangle_m \left|a^x y (\mathrm{mod}\, n)\right\rangle_L, & \text{für } y \in \{0, \ldots, n - 1\}, \\ \left|x\right\rangle_m \left|y\right\rangle_L, & \text{für } y \in \{n, \ldots, 2^L - 1\}. \end{cases}$$

Zum Nachweis der Unitarität von $\mathbf{E}_a$ muss nur die Umkehrbarkeit gezeigt werden. Für $y \geq n$ ist nichts zu zeigen und für $y < n$ gilt mit der Ordnung r von a:

$$\mathbf{E}_a^r \left|x\right\rangle_m \left|y\right\rangle_L = \left|x\right\rangle_m \left|a^{rx} y (\mathrm{mod}\, n)\right\rangle_L = \left|x\right\rangle_m \left|y (\mathrm{mod}\, n)\right\rangle_L = \left|x\right\rangle_m \left|y\right\rangle_L,$$

also ist $\mathbf{E}_a^{-1} = \mathbf{E}_a^{r-1}$.

Das Quantenverfahren arbeitet mit einem $(m + L)$-Qbit, wobei die Größe von m später behandelt wird. Das Verfahren lässt sich nun wie folgt formal beschreiben:

$$\begin{aligned} \psi_0 &:= \left|0\right\rangle_m \left|1\right\rangle_L; \\ \psi_1 &:= \left(\mathbf{H}^{\otimes m} \otimes \mathbf{I}^{\otimes L}\right) \psi_0; \\ \psi_2 &:= \mathbf{E}_a \psi_1; \\ \psi_3 &:= \left(\mathbf{F}^{\otimes m} \otimes \mathbf{I}^{\otimes L}\right) \psi_2; \\ Y &:= \mathscr{M}_m^{\psi_3}. \end{aligned}$$

$Y = \mathscr{M}_m^{\psi_3}$ ist die Zufallsvariable zur partiellen Messung der ersten m Qbits, siehe Lemma 3.15 auf Seite 77, mit Ergebniswerten aus $\{0, \ldots, 2^m - 1\}$. Das Messergebnis wird als Bruchzahl $\frac{s}{r}$ bzw. als eine Approximation dafür interpretiert, wie weiter unten zu sehen sein wird.

Nun werden die Einzelschritte diskutiert:

$$\begin{aligned} \psi_1 &:= \left(\mathbf{H}^{\otimes m} \otimes \mathbf{I}^{\otimes L}\right) \psi_0 = \left(\mathbf{H}^{\otimes m} \otimes \mathbf{I}^{\otimes L}\right) \left(\left|0\right\rangle_m \left|1\right\rangle_L\right) \\ &= \sum_{x=0}^{2^m - 1} 2^{-\frac{m}{2}} \left|x\right\rangle_m \left|1\right\rangle_L. \end{aligned} \tag{4.34}$$

Mit Definition 4.8 folgt daraus als Nächstes

$$\begin{aligned} \psi_2 &:= \mathbf{E}_a \psi_1 = \sum_{x=0}^{2^m - 1} 2^{-\frac{m}{2}} \mathbf{E}_a \left|x\right\rangle_m \left|1\right\rangle_L \\ &= 2^{-\frac{m}{2}} \sum_{x=0}^{2^m - 1} \left|x\right\rangle_m \left|a^x (\mathrm{mod}\, n)\right\rangle_L. \end{aligned} \tag{4.35}$$

Dann wird die Fouriertransformation gemäß Definition 3.33 auf Seite 92 angewandt:

$$\psi_3 := \left(\mathbf{F}^{\otimes m} \otimes \mathbf{I}^{\otimes L} \right) \psi_2 = 2^{-\frac{m}{2}} \sum_{x=0}^{2^m-1} \left(\mathbf{F}^{\otimes m} \, |x\rangle_m \right) |a^x (\text{mod} n)\rangle_L$$

$$= 2^{-\frac{m}{2}} \sum_{x=0}^{2^m-1} \left(2^{-\frac{m}{2}} \sum_{y=0}^{2^m-1} \exp\left(2\pi i \frac{xy}{2^m} \right) |y\rangle_m \right) |a^x (\text{mod} n)\rangle_L$$

$$= \frac{1}{2^m} \sum_{y=0}^{2^m-1} \sum_{x=0}^{2^m-1} \exp\left(2\pi i \frac{xy}{2^m} \right) |y\rangle_m \, |a^x (\text{mod} n)\rangle_L . \tag{4.36}$$

Da $|a^r (\text{mod} n)\rangle_L = |1\rangle_L$, wird durch $|a^x (\text{mod} n)\rangle_L$ periodisch für viele $0 < x < 2^m - 1$ der gleiche Basisvektor $|a^k\rangle_L$ beschrieben, nämlich

$$|a^x (\text{mod} n)\rangle_L = |a^k\rangle_L \tag{4.37}$$

$$\text{für alle} \quad x = k + r \cdot j \quad \text{mit} \quad 0 \leq j \leq \left\lfloor \frac{2^m - 1 - k}{r} \right\rfloor .$$

Mit der Abkürzung

$$b_k := \left\lfloor \frac{2^m - 1 - k}{r} \right\rfloor + 1 \tag{4.38}$$

folgt damit

$$\psi_3 = \frac{1}{2^m} \sum_{y=0}^{2^m-1} \sum_{k=0}^{r-1} \sum_{j=0}^{\left\lfloor \frac{2^m-1-k}{r} \right\rfloor} \exp\left(2\pi i \frac{(k + r \cdot j)y}{2^m} \right) |y\rangle_m \, |a^k (\text{mod} n)\rangle_L$$

$$= \sum_{y=0}^{2^m-1} |y\rangle_m \tag{4.39}$$

$$\otimes \left(\sum_{k=0}^{r-1} \frac{\exp\left(2\pi i \frac{ky}{2^m} \right)}{2^m} \left(\sum_{j=0}^{b_k-1} \exp\left(2\pi i \frac{r \cdot j \cdot y}{2^m} \right) \right) |a^k (\text{mod} n)\rangle_L \right) .$$

Die abschließende partielle Messung der ersten m Qbits von ψ_3, also die Realisierung der Zufallsvariablen $Y = \mathcal{M}_m^{\psi_3}$, liefert nach Korollar 3.16 auf Seite 80 das Ergebnis $y \in \{0, \ldots, 2^m - 1\}$ mit der Wahrscheinlichkeit

$$P(\{Y = y\}) = p_y = \sum_{k=0}^{r-1} \left| \frac{\exp\left(2\pi i \frac{ky}{2^m} \right)}{2^m} \left(\sum_{j=0}^{b_k-1} \exp\left(2\pi i \frac{r \cdot j \cdot y}{2^m} \right) \right) \right|^2$$

$$= \frac{1}{2^{2m}} \sum_{k=0}^{r-1} \left| \sum_{j=0}^{b_k-1} \left(\exp\left(2\pi i \frac{r \cdot y}{2^m} \right) \right)^j \right|^2 . \tag{4.40}$$

Von den möglichen Messergebnissen sind diejenigen erwünscht, die

$$\frac{s}{r} \quad \text{mit} \quad 0 \le s \le r$$

gut approximieren. Als die erwünschte Ergebnismenge definiert man

$$E := \left\{ y \in \{0, \ldots, 2^m - 1\} \ \Big| \ \bigvee_{s \in \{0, \ldots, r\}} \left| \frac{y}{2^m} - \frac{s}{r} \right| \le \frac{1}{2r^2} \right\}. \tag{4.41}$$

Ist $y \notin E$, so gilt folglich

$$\left| \frac{y}{2^m} - \frac{s}{r} \right| > \frac{1}{2r^2} \text{ für alle } s \in \{0, \ldots, r\}$$

$$\Leftrightarrow \quad \left| \frac{ry}{2^m} - s \right| > \frac{1}{2r} \text{ für alle } s \in \{0, \ldots, r\}$$

$$\Leftrightarrow \quad \frac{ry}{2^m} = s + \Delta y \text{ für ein } s \in \{0, \ldots, r\} \text{ und } \frac{1}{2r} < |\Delta y| \le \frac{1}{2}. \tag{4.42}$$

Somit erhält man für $y \notin E$ die Wahrscheinlichkeiten (4.40) mit der geometrischen Summe

$$p_y = \frac{1}{2^{2m}} \sum_{k=0}^{r-1} \left| \sum_{j=0}^{b_k - 1} (\exp(2\pi i(s + \Delta y)))^j \right|^2$$

$$= \frac{1}{2^{2m}} \sum_{k=0}^{r-1} \left| \sum_{j=0}^{b_k - 1} (\exp(i2\pi \Delta y))^j \right|^2$$

$$= \frac{1}{2^{2m}} \sum_{k=0}^{r-1} \left| \frac{1 - \exp(i2\pi b_k \Delta y)}{1 - \exp(i2\pi \Delta y)} \right|^2. \tag{4.43}$$

Nun gilt aber

$$|1 - \exp(i\varphi)|^2 = |1 - \cos \varphi - i \sin \varphi|^2 = (1 - \cos \varphi)^2 + \sin^2 \varphi$$

$$= 2 - 2 \cos \varphi = 4 \sin^2 \frac{\varphi}{2} \tag{4.44}$$

und für $-\pi \le \varphi \le \pi$ gilt weiter

$$|1 - \exp(i\varphi)|^2 = 4 \sin^2 \frac{\varphi}{2} \ge 4 \left(\frac{\varphi}{\pi} \right)^2 = \frac{4}{\pi^2} \varphi^2. \tag{4.45}$$

Unter Beachtung von $|2\pi \Delta y| \le \pi$ folgt damit

$$p_y \le \frac{1}{2^{2m}} \sum_{k=0}^{r-1} \frac{4}{\frac{4}{\pi^2}(2\pi \Delta y)^2} = \frac{1}{2^{2m}} \frac{r}{4(\Delta y)^2}. \tag{4.46}$$

Zur Abkürzung betrachte man

$$A := \frac{2^m}{2r^2} \tag{4.47}$$

und erhält

$$p_y \le \frac{1}{2^{2m}} \frac{r}{4(\Delta y)^2} = \frac{1}{2^{2m}} \frac{r}{4\left(\frac{ry}{2^m} - s\right)^2} = \frac{1}{4r^4 A^2} \cdot \frac{r}{4\left(\frac{y}{2rA} - s\right)^2}$$

$$= \frac{1}{4r\left(y - 2srA\right)^2}. \tag{4.48}$$

Ist $y \notin E$, so gibt es also ein $s \in \{0, \ldots, r\}$, so dass

$$\frac{1}{2r} < |\Delta y| \le \frac{1}{2} \quad \Leftrightarrow \quad \frac{1}{2r} < \left|\frac{ry}{2^m} - s\right| \le \frac{1}{2}$$

$$\Leftrightarrow \quad \frac{2^m}{2r^2} < \left|y - s\frac{2^m}{r}\right| \le \frac{2^m}{2r} \quad \Leftrightarrow \quad A < |y - 2srA| \le rA.$$

Damit folgt

$$2srA - rA \le y < 2srA - A \quad \text{oder} \quad 2srA + A < y \le 2srA + rA. \tag{4.49}$$

Unter Beachtung, dass $y \in \{0, \ldots, 2^m - 1\}$, ergibt sich

$$P(\{Y \notin E\}) \le \frac{1}{4r}\left[\sum_{A < y \le rA} \frac{1}{y^2} + \sum_{s=1}^{r-1} \sum_{A < |y - 2srA| \le rA} \frac{1}{(y - 2srA)^2}\right.$$

$$\left. + \sum_{2^m - rA \le y < 2^m - A} \frac{1}{(y - 2^m)^2}\right]$$

$$\le \frac{1}{4r}\left[\int_{A-1}^{rA} \frac{1}{y^2}\, dy + \sum_{s=1}^{r-1} 2\int_{A-1}^{rA} \frac{1}{y^2}\, dy + \int_{A-1}^{rA} \frac{1}{y^2}\, dy\right]$$

$$= \frac{1}{4r} \cdot 2r \cdot \int_{A-1}^{rA} \frac{1}{y^2}\, dy = \frac{1}{2}\left[-\frac{1}{y}\right]_{A-1}^{rA}$$

$$= \frac{1}{2}\left(\frac{1}{A-1} - \frac{1}{rA}\right) \le \frac{1}{2(A-1)}. \tag{4.50}$$

Ist $0 < \epsilon < 1$ eine vorgegebene Wahrscheinlichkeit dafür, dass das Messergebnis y mit höchstens dieser Wahrscheinlichkeit *nicht* in der gewünschten Ergebnismenge E liegt, so ist m wie folgt zu wählen:

$$P(\{Y \notin E\}) \leq \frac{1}{2(A-1)} \stackrel{!}{\leq} \epsilon \quad \Leftrightarrow \quad A \geq 1 + \frac{1}{2\epsilon} \quad \Leftrightarrow \quad \frac{2^m}{2r^2} \geq 1 + \frac{1}{2\epsilon}$$

$$\Leftrightarrow \quad m - 1 - 2\log_2 r \geq \log_2\left(1 + \frac{1}{2\epsilon}\right)$$

$$\Leftrightarrow \quad m \geq 2\log_2 r + 1 + \log_2\left(1 + \frac{1}{2\epsilon}\right)$$

Wird m derart gewählt, dass

$$m \geq 2L + 1 + \left\lceil \log_2\left(1 + \frac{1}{2\epsilon}\right)\right\rceil, \tag{4.51}$$

so gibt es also zu einem Messergebnis y mit einer Wahrscheinlichkeit von mindestens $1 - \epsilon$ ein $s \in \{0, \ldots, r\}$, so dass

$$\left|\frac{y}{2^m} - \frac{s}{r}\right| \leq \frac{1}{2r^2}. \tag{4.52}$$

Beispiel 30

Um ein Messergebnis y aus der gewünschten Menge E mit einer Wahrscheinlichkeit von $99,9999\%$ zu erzeugen, ist $\epsilon = 10^{-6}$ zu betrachten. Man wählt dann

$$m = 2L + 1 + \left\lceil \log_2\left(1 + \frac{1}{2 \cdot 10^{-6}}\right)\right\rceil = 2L + 20.$$

Im Vergleich zu einer vielleicht sehr großen Binärstellenzahl L spielt der Aufwand zur Erzielung einer hohen Sicherheitswahrscheinlichkeit für ein gewünschtes Ergebnis kaum eine Rolle.

Um den Quantenalgorithmus durchzuführen, werden nach [14] O (L^3) elementare Quantengatter benötigt, siehe auch Abschnitt 3.3.3. Zählt man diese wie Operationen auf einem klassischen Computer, so besitzt der Quantenalgorithmus also nur polynomialen Aufwand im Vergleich zum exponentiellen Aufwand eines klassischen Verfahrens auf einem klassischen Computer.

4.5.4   Ordnungsbestimmung durch Kettenbruchzerlegung

Das Ergebnis des Quantenverfahrens ist also nun eine Zahl $\frac{y}{2^m}$, die eine Approximation eines Verhältnisses $\frac{s}{r}$ ist, wobei sowohl s als auch r unbekannt sind. Für das Verhältnis gilt mit hoher Wahrscheinlichkeit $1 - \epsilon$, dass

$$\left|\frac{y}{2^m} - \frac{s}{r}\right| \leq \frac{1}{2r^2}.$$

Um daraus r zu bestimmen, wird nun ein klassischer Algorithmus verwendet.

Definition 4.9:   *Endlicher Kettenbruch*

Sind $a_0 \in \mathbb{Z}$ und $a_1, \ldots, a_K \in \mathbb{N}$ mit $K \in \mathbb{N}_0$ gegeben, so heißt

$$[a_0, \ldots, a_K] := a_0 + \cfrac{1}{a_1 + \cfrac{1}{a_2 + \cfrac{1}{a_3 + \cfrac{1}{\ddots + \cfrac{1}{a_K}}}}} \in \mathbb{Q}$$

ein *endlicher Kettenbruch*.

Ein endlicher Kettenbruch heißt *eindeutig*, falls $K = 0$ oder $a_K > 1$ gilt.

Die k-te *Konvergente* eines eindeutigen endlichen Kettenbruchs $[a_0, \ldots, a_K] \in \mathbb{Q}$ ist für $k \in \{0, \ldots, K\}$ definiert durch den Kettenbruch $[a_0, \ldots, b_k]$.

Satz 4.10   *Kettenbruchdarstellung rationaler Zahlen*

Jede rationale Zahl $\frac{p}{q} \in \mathbb{Q}$ mit $p \in \mathbb{Z}$ und $q \in \mathbb{N}$ lässt sich durch genau einen eindeutigen endlichen Kettenbruch $[a_0, \ldots, a_K] = \frac{p}{q}$ darstellen. Mit $r_1, \ldots, r_K \in \mathbb{N}$ gibt es die Darstellung (*Euklidischer Algorithmus*):

$$
\begin{aligned}
p &= a_0 q + r_1 & (0 < r_1 < q),\\
q &= a_1 r_1 + r_2 & (0 < r_2 < r_1),\\
r_1 &= a_2 r_2 + r_3 & (0 < r_3 < r_2),\\
&\;\;\vdots\\
r_{K-2} &= a_{K-1} r_{K-1} + r_K & (0 < r_K < r_{K-1}),\\
r_{K-1} &= a_K r_K + 0.
\end{aligned}
$$

Beweis.   Als Folge $(r_k)_k$ fallender natürlicher Zahlen muss $r_{K+1} = 0$ gelten für einen Index K. Daher terminiert der euklidische Algorithmus. Für die erzeugten Zahlen gilt rekursiv:

$$\frac{p}{q} = a_0 + \frac{r_1}{q} = a_0 + \cfrac{1}{\cfrac{q}{r_1}} = a_0 + \cfrac{1}{a_1 + \cfrac{r_2}{r_1}} = a_0 + \cfrac{1}{a_1 + \cfrac{1}{\cfrac{r_1}{r_2}}}$$

$$= a_0 + \cfrac{1}{a_1 + \cfrac{1}{a_2 + \cfrac{r_3}{r_2}}} = \ldots = a_0 + \cfrac{1}{a_1 + \cfrac{1}{a_2 + \cfrac{1}{a_3 + \cfrac{1}{\ddots + \cfrac{1}{a_K}}}}}.$$

Falls $K > 0$ ist, so ist auch $a_K > 1$, denn anderenfalls wäre $a_K = 1$ und damit $r_{K-1} = r_K$. In diesem Fall würde aber

$$r_{K-2} = a_{K-1}r_{K-1} + r_K = a_{K-1}r_{K-1} + r_{K-1} = (a_{K-1} + 1)r_{K-1} + 0$$

gelten und der Algorithmus wäre früher beendet gewesen.

Die Eindeutigkeit ergibt sich ohne Einschränkung der Allgemeinheit aus folgender Beobachtung. Angenommen, es wäre

$$[a_0, a_1, \ldots, a_K] = [a_0, \hat{a}_1, \ldots, \hat{a}_K], \quad \text{wobei o.E.d.A.} \quad a_1 < \hat{a}_1.$$

Dann gäbe es $x, y \in \mathbb{Q}$ mit $0 \leq x, y < 1$ und

$$a_0 + \cfrac{1}{a_1 + x} = a_0 + \cfrac{1}{\hat{a}_1 + y} \quad \Leftrightarrow \quad a_1 + x = \hat{a}_1 + y \quad \Leftrightarrow \quad x - y = \hat{a}_1 - a_1 \geq 1,$$

aber es ist $x - y < 1$ und somit ist die Annahme widerlegt. $\square$

Beispiel 31

Es gilt

$$\frac{67}{52} = 1 + \frac{15}{52} = 1 + \cfrac{1}{\cfrac{52}{15}} = 1 + \cfrac{1}{3 + \cfrac{7}{15}} = 1 + \cfrac{1}{3 + \cfrac{1}{\cfrac{15}{7}}}$$

$$= 1 + \cfrac{1}{3 + \cfrac{1}{2 + \cfrac{1}{7}}} = [1, 3, 2, 7].$$

In Formulierung mit dem euklidischen Algorithmus lautet die Umformung

$$67 = 1 \cdot 52 + 15,$$
$$52 = 3 \cdot 15 + 7,$$
$$15 = 2 \cdot 7 + 1,$$
$$7 = 7 \cdot 1 + 0.$$

Satz 4.11   *Konvergenteneigenschaft*

Es seien $x, \frac{p}{q} \in \mathbb{Q}$ mit $p \in \mathbb{Z}$ und $q \in \mathbb{N}$, so dass

$$\left| x - \frac{p}{q} \right| \leq \frac{1}{2q^2},$$

so ist $\frac{p}{q}$ eine Konvergente in der eindeutigen endlichen Kettenbruchdarstellung von x.

Beweis.   [14] $\square$

Korollar 4.12 *Konvergenteneigenschaft für den Shor-Algorithmus*

Es seien $m, r \in \mathbb{N}$ und es sei $r^2 \le 2^m$. Weiter sei $y \in \{0, \dots, 2^m - 1\}$ und $s \in \{0, \dots, r\}$. Falls

$$\left| \frac{y}{2^m} - \frac{s}{r} \right| \le \frac{1}{2r^2},$$

so ist $\frac{s}{r}$ eine Konvergente in der eindeutigen endlichen Kettenbruchdarstellung von $\frac{y}{2^m}$.

Beweis. Folgt sofort mit Satz 4.11 auf der vorherigen Seite. □

Die Vorgehensweise zur Auffindung der Ordnung lautet damit wie folgt:

- Man bestimme zu $\frac{y}{2^m} = [a_0, \dots, a_K]$ die Konvergenten. Die Bruchdarstellung

$$\frac{s_k}{r_k} := [a_0, \dots, a_k], \quad \text{für } k = 0, \dots, K$$

  ergibt dann Kandidaten r_k für die Ordnung.

- Man prüfe jeweils, ob r_k die Ordnung von a modulo n ist und beendet gegebenenfalls die Suche.

Das Verfahren zur Auffindung von r kann scheitern,

- falls $\frac{y}{2^m}$ aus dem Verfahrensteil 4.5.3 keine gute Approximation war

- oder falls s und r nicht teilerfremd sind, da das Kettenbruchverfahren sonst einen um den gemeinsamen Faktor gekürzten Bruch ermittelt.

Im Falle des Scheiterns, muss der Algorithmus mit einer neuen Wahl für a erneut durchgeführt werden.

4.5.5 Gesamtalgorithmus

Nun werden noch einmal alle Schritte des Verfahrens von Shor zur Faktorisierung von n zusammengefasst dargestellt.

Schritt 1: Falls n gerade ist, ist 2 ein nichttrivialer Faktor von n (Stop).

Schritt 2: Prüfung, ob $n = a^b$ für eine Zahl $a \ge 3$ und $b \ge 2$ gilt. In diesem Fall würde gelten:

$$b = \log_a n = \frac{\log_2 n}{\log_2 a} < \lceil \log_2(n+1) \rceil = L.$$

Daher berechne man für alle $2 \le b \le L$ die Zahlen $a_1, a_2 \in \mathbb{N}$ mit

$$2^{\frac{\log_2 n}{b}} - 1 < a_1 \le 2^{\frac{\log_2 n}{b}} \le a_2 < 2^{\frac{\log_2 n}{b}} + 1$$

und prüfe $a_1^b = n$ und $a_2^b = n$. Bei erfolgreicher Prüfung ist a_1 bzw. a_2 ein nichttrivialer Faktor von n (Stop).

Schritt 3: Man bestimme gleichverteilt ein $a \in \{2, \ldots, n-1\}$.
Falls $\mathrm{ggT}(a, n) > 1$, so ist $\mathrm{ggT}(a, n)$ ein nichttrivialer Faktor von n (Stop).

Schritt 4: Man führe für $m > 2L+1$ den folgenden Quantenalgorithmus für ein $(m+L)$-Qbit
durch:

$$\psi_0 := |0\rangle_m \, |1\rangle_L \, ;$$

$$\psi_1 := \left(\mathbf{H}^{\otimes m} \otimes \mathbf{I}^{\otimes L} \right) \psi_0;$$

$$\psi_2 := \mathbf{E}_a \psi_1;$$

$$\psi_3 := \left(\mathbf{F}^{\otimes m} \otimes \mathbf{I}^{\otimes L} \right) \psi_2;$$

$$Y := \mathscr{M}_m^{\psi_3}.$$

y sei eine Realisierung der Zufallsvariablen Y.
Man bestimme zu $\frac{y}{2^m} = [a_0, \ldots, a_K]$ die Konvergenten und berechne für $k = 0, \ldots, K$
jeweils die Bruchdarstellung

$$\frac{s}{r} := [a_0, \ldots, a_k]$$

und prüfe, ob r die Ordnung von a modulo n ist.
Bei erfolgreicher Prüfung, gehe zu Schritt 5.
Scheitert jede Prüfung, gehe zu Schritt 3.

Schritt 5: Falls r gerade ist und falls $a^{\frac{r}{2}} + 1 \not\equiv 0 \pmod{n}$, dann sind

$$1 < \mathrm{ggT}(a^{\frac{r}{2}} + 1, n) < n \quad \text{und} \quad 1 < \mathrm{ggT}(a^{\frac{r}{2}} - 1, n) < n$$

zwei nichttriviale Faktoren von n (Stop).

Schritt 6: Gehe zu Schritt 3.

Ein Durchlauf des Verfahrens benötigt $\mathrm{O}\left(L^3\right)$ Operationen, wobei aber das Verfahren gegebenenfalls mehrfach durchgeführt werden muss. Da dies mit einer Wahrscheinlichkeit (deutlich) kleiner als 1 geschieht, steigt die Größenordnung[2] der Aufwandes nicht.

Beispiel 32

Die Durchführung des Verfahrens wird am Beispiel $n = 33$ erläutert. Es ist dann $L = 6$. Im Beispiel sei $m = 2L + 4 = 16$ gewählt.

- Da 2 kein Faktor von n ist, führt Schritt 1 nicht zum Stop.

---

[2]Ist cL^3 der Gesamtaufwand und ϵ die Wiederholwahrscheinlichkeit, so ist der Erwartungswert des Gesamtaufwandes folglich

$$cL^3 + \epsilon cL^3 + \epsilon^2 cL^3 + \ldots = cL^3 \sum_{k=0}^{\infty} \epsilon^k = \frac{c}{1-\epsilon} L^3.$$

- In Schritt 2 werden für $2 \le b \le 6$ je zwei Zahlen a_1 und a_2 mit

$$2^{\frac{\log_2 n}{b}} - 1 < a_1 \le 2^{\frac{\log_2 n}{b}} \le a_2 < 2^{\frac{\log_2 n}{b}} + 1$$

berechnet, also

$$a_1 \in \{1, 2, 3, 5\}, \quad a_2 \in \{2, 3, 4, 6\}$$

Damit gilt

$$a_j^b \in \{25, 36, 27, 64, 16, 81, 32, 243, 1, 64\}$$

und da $n = 33$ nicht in dieser Menge enthalten ist, führt Schritt 2 nicht zum Stop.

- Zufällig werde im Beispiel im dritten Schritt $a = 5$ gewählt. Da $\mathrm{ggT}(33, 5) = 1$, führt Schritt 3 nicht zum Stop.

- Bei der Beispielswahl von $m = 2L + 1 + 3$ ist

$$\log_2 \left(1 + \frac{1}{2\epsilon}\right) = 3 \quad \Rightarrow \quad 1 + \frac{1}{2\epsilon} = 8 \quad \Rightarrow \quad \epsilon = \frac{1}{14}.$$

Mit einer Wahrscheinlichkeit von mindestens 92% erzeugt der Quantenalgorithmus ein Ergebnis y mit

$$\left| \frac{y}{2^m} - \frac{s}{r} \right| \le \frac{1}{2r^2}.$$

Im vorliegenden Fall ist $r = 10$ (noch unbekannterweise), so dass also mit mindestens 92% Wahrscheinlichkeit ein Ergebnis y mit

$$\left| \frac{y}{65536} - \frac{s}{10} \right| \le \frac{1}{200} = 0,005.$$

erzeugt wird. Die Menge E dieser „gewünschten" Ergebniswerte ist

$$E = \{0, \dots, 327, 6226, \dots, 6881, 12780, \dots, 13434, 19334, \dots, 19988, \dots\}.$$

Im Beispiel sei das Ergebnis des Quantenverfahrens die Zahl $y = 19412$. Es folgt die Kettenbruchzerlegung von $\frac{19412}{65536}$ mit dem euklidischen Algorithmus, also

$$19412 = 0 \cdot 65536 + 19412,$$
$$65536 = 3 \cdot 19412 + 7300,$$
$$19412 = 2 \cdot 7300 + 4812,$$
$$7300 = 1 \cdot 4812 + 2488,$$
$$4812 = 1 \cdot 2488 + 2324,$$
$$2488 = 1 \cdot 2324 + 164,$$
$$2324 = 14 \cdot 164 + 28,$$
$$164 = 5 \cdot 28 + 24,$$
$$28 = 1 \cdot 24 + 4,$$
$$24 = 6 \cdot 4 + 0.$$

Damit ist die Kettenbruchdarstellung gefunden:

$$\frac{19412}{65536} = [0, 3, 2, 1, 1, 1, 14, 5, 1, 6].$$

Nun bestimmt man die Bruchdarstellungen der Konvergenten:

$$[0, 3] = \frac{1}{3},$$

$$[0, 3, 2] = \frac{1}{3 + \dfrac{1}{2}} = \frac{2}{7},$$

$$[0, 3, 2, 1] = \frac{1}{3 + \dfrac{1}{2 + \dfrac{1}{1}}} = \frac{3}{10}.$$

Bei der Prüfung des dritten Nenners ergibt sich $r = 10$ als Ordnung von 5 modulo 33.

- Die Ordnung $r = 10$ ist gerade und $5^5 + 1 = 3126 \equiv 24 \not\equiv 0 \pmod{33}$. Nichttriviale Faktoren von 33 sind somit

$$\mathrm{ggT}(a^{\frac{r}{2}} + 1, n) = \mathrm{ggT}(5^5 + 1, 33) = \mathrm{ggT}(3126, 33) = 3$$
$$\text{und} \quad \mathrm{ggT}(a^{\frac{r}{2}} - 1, n) = \mathrm{ggT}(3124, 33) = 11.$$

5 Quantenalgorithmen für klassische Computer

5.1 Vorüberlegungen

Quantencomputer und die auf ihnen laufenden Quantenalgorithmen erweitern das klassisch bekannte Spektrum an Informationsverarbeitungsmechanismen. Trotz großer Fortschritte auf dem Gebiet der physischen Realisierung, ist ein Qantencomputer mit realistisch großer Anzahl an Qbits noch nicht in Sicht. Da Quantenalgorithmen aufgrund ihrer Struktur einen neuen Zugang zur Informationsverarbeitung eröffnen, stellt sich die Frage, ob die Algorithmen nicht auch für klassische Computer einsetzbar wären. Neben der rein akademischen Frage steckt dahinter natürlich insbesondere die Frage, ob sich die polynomiale Komplexität des Shor-Algorithmus nicht auch irgendwie auf eine klassische Informationsverarbeitung übertragen ließe.

Es gibt zunächst kein grundsätzliches Problem damit, Quantenalgorithmen nicht auf Quantencomputern, sondern auf klassischen Computern zu implementieren. Wie in den vorangegangenen Kapitel ausgeführt wurde, kann ein Quantenalgorithmus in Kurzform wie folgt beschrieben werden:

1. Man betrachtet einen Startzustand $v \in \mathcal{S}_{\mathcal{H}^{\otimes n}}$ eines n-Qbits. Dieser Zustand lässt sich in einem klassischen Computer als Tupel darstellen, so dass wir

$$v \in \mathbb{C}^{2^n} \tag{5.1}$$

   verwenden können.

2. Der Startzustand wird zeitentwickelt, was einer Abfolge von Anwendungen unitärer Operatoren entspricht. Diese lassen sich zu einem unitären Operator

$$U : \mathcal{H}^{\otimes n} \to \mathcal{H}^{\otimes n} \tag{5.2}$$

   zusammenfassen. Für die Matrizendarstellung in einem klassischen Computer gilt dann entsprechend

$$M_U \in \mathbb{C}^{2^n, 2^n}. \tag{5.3}$$

3. Der Endzustand $w \in \mathcal{S}_{\mathcal{H}^{\otimes n}}$ ergibt sich aus der Zeitentwicklung des Anfangszustandes. In der Tupeldarstellung erhält man ihn auf einem klassischen Computer durch die Multiplikation einer Matrix mit einem Vektor, also hier

$$w = M_U \cdot u \in \mathbb{C}^{2^n}. \tag{5.4}$$

4. Mit dem Endzustand wird eine Messung vorgenommen. Der Einfachheit halber betrachten wir hier eine vollständige[1] Messung bezüglich einer Basis. Dabei handelt es sich um die Realisierung der Zufallsvariablen

$$X := \mathscr{M}_n^w,$$ (5.5)

wobei in der Tupeldarstellung für die Wahrscheinlichkeitsverteilung gilt:

$$P(\{X = j - 1\}) = |w_j|^2, \quad j = 1, \ldots, 2^n.$$ (5.6)

Auf einem klassischen Computer betrachte man die Zahlen

$$\rho_0 := 0, \quad \rho_k := \sum_{j=1}^{k} |w_j|^2, \quad k = 1, \ldots, 2^n,$$ (5.7)

und bestimme ein $x \in [0, 1[$ gleichverteilt mit einem Zufallszahlengenerator. Die simulierte Messung hat das Ergebnis j, wenn gilt:

$$x \in [\rho_j, \rho_{j+1}[.$$ (5.8)

In der beschriebenen Allgemeinheit besitzt ein Quantenalgorithmus auf einem klassischen Computer die exponentielle numerische Komplexität

$$O\left(2^{2n}\right).$$ (5.9)

Im besten Falle kann man vielleicht für spezielle Matrizen das Produkt $w = M_U \cdot u$ mit Komplexität $O\left(2^n\right)$ bestimmen, so dass der Quantenalgorithmus auf einem klassischen Computer dennoch exponentielle Komplexität besitzt.

In den folgenden Abschnitten werden Lösungsansätze diskutiert zur Reduktion der Komplexität im dargestellten Ablauf. Die Hauptfrage dabei ist, ob sich die exponentielle Komplexität auf polynomiale Komplexität reduzieren lässt.

5.2   Speicherplatz

Um einen „beliebigen" n-$Qbit$-Zustand v zu speichern, wird Speicherplatz in der Größenordnung $O\left(2^n\right)$ benötigt. Das gilt unabhängig von der gewählten Tupeldarstellung (5.1), also

$$v \in \mathbb{C}^{2^n},$$

sondern folgt allgemein aus der 2^n-Dimensionalität des $\mathcal{H}^{\otimes n}$. Damit ist nicht nur der Speicherplatz exponentiell groß, sondern jeder Algorithmus, der tatsächlich alle Komponenten von v benötigt und somit mindestens einmal verarbeitet, hat ebenso exponentielle Komplexität. Günstiger ist die Situation, wenn nur bestimmte Zustände zur Speicherung benötigt werden.

---

[1]bei einer partiellen Messung sind entsprechend Wahrscheinlichkeiten zu aggregieren, wie in Lemma 3.15 auf Seite 77 dargestellt.

Ein reiner n-Qbit-Zustand

$$v = \lambda \left|x\right\rangle_n, \quad x \in \{0, \ldots, 2^n - 1\}, \ \lambda \in \mathbb{C}, \ |\lambda|^2 = 1 \tag{5.10}$$

benötigt nur Speicherplatz in der Größenordnung $\mathrm{O}(n)$, da die Zahl x mit $\left\lceil \frac{n}{8} \right\rceil$ Bytes gespeichert werden kann. Hinzu kommen noch, je nach gewünschter Genauigkeit, ca. konstante 16 Bytes für die Phase λ.

Ebenfalls günstig in der Darstellung ist ein voll separabler Zustand, der sich als n-faches Tensorprodukt von einzelnen Qbit-Zuständen schreiben lässt, also

$$v = \bigotimes_{m=1}^{n} \left(\alpha_m \left|0\right\rangle + \beta_m \left|1\right\rangle\right), \quad \alpha_m, \beta_m \in \mathbb{C}, \ |\alpha_m|^2 + |\beta_m|^2 = 1, \ m = 1, \ldots, n. \tag{5.11}$$

Auch für (5.11) wird nur Speicherplatz in der Größenordnung $\mathrm{O}(n)$ benötigt, nämlich n-mal der Speicherplatz für zwei komplexe Zahlen. Jeder reine n-Qbit-Zustand (5.10) ist ein Spezialfall eines voll separablen Zustandes, indem die Phasen α_m, β_m je Werte 0 oder 1 annehmen und λ beispielsweise zum ersten solchen Phasenpaar multipliziert wird. Für $\lambda = 1$ gilt etwa:

$$\left|x\right\rangle_n = \bigotimes_{m=1}^{n} \left((1 - x_{n-m}) \left|0\right\rangle + x_{n-m} \left|1\right\rangle\right) \tag{5.12}$$

$$\text{für alle } x = \sum_{j=0}^{n-1} x_j 2^j, \quad x_j \in \mathbb{B}, \ j = 0, \ldots, n-1.$$

Eine Zielsetzung für die Umsetzung eines Quantenalgorithmus auf einem klassischen Computer ist daher die Formulierung mit reinen oder voll separablen Zuständen, falls dies denn möglich ist.

Nicht betrachtet wurde Speicherplatz für die Gates. Für ein völlig beliebiges Gate in Matrizendarstellung (5.3), also

$$M_U \in \mathbb{C}^{2^n, 2^n},$$

würde Speicherplatz in der Größenordnung $\mathrm{O}\left(2^{2n}\right)$ benötigt. Entsprechend aufwendig wäre eine Multiplikation (5.4) mit einem Vektor. Da aber, wie in Kapitel 4 ausführlich dargestellt wurde, in Quantenalgorithmen keine völlig beliebigen Gates verwendet werden, sondern einige spezifische Gates, die je eine ganz spezielle Struktur haben, sollten diese Gates als je spezielle algorithmische Vorschrift umgesetzt werden und nicht allgemein in linearer Algebra formuliert werden. Daher wird für sie auch kein Speicherplatz benötigt.

5.3 Algorithmen für ausgewählte Gates

Zur Darstellung der Komplexität eines Gates auf einem Quantencomputer werden Gates üblicherweise [14] in eine Abfolge elementarer Gates zerlegt, siehe die Abschnitte 3.3.3 und 3.3.4, da sich diese quantenmechanisch realisieren lassen und damit deren Anzahl die Komplexität des Quantenalgorithmus bestimmt.

Ein klassischer Computer verfügt zwar nicht über die speziellen Merkmale eines Quantencomputers, aber dafür sind die auf ihm implementierbaren Algorithmen flexibler. Bei der Betrachtung wichtiger Gates wird daher im Folgenden nicht die Zerlegung in quantenmechanisch elementare Gates vorgenommen, sondern eine möglichst optimale Darstellung zur Verarbeitung von reinen oder voll separablen Zuständen gesucht.

5.3.1   Hadamard-Gate

Das n-fache Hadamard-Gate $\mathbf{H}^{\otimes n}$ ist ein mehrfaches Tensorprodukt und kann daher algorithmisch leicht auf voll separable Zustände angewandt werden.

Lemma 5.1 *Hadamard-Gate und voll separable Zustände*

Es sei $\mathcal{H}^{\otimes n}$, $n \in \mathbb{N}$, der Zustandsraum eines n-Qbits und $\mathbf{H}^{\otimes n}$ sei das Hadamard-Gate. Dann gilt für alle $\alpha_m, \beta_m \in \mathbb{C}$, $m = 1, \ldots, n$:

$$\mathbf{H}^{\otimes n} \bigotimes_{m=1}^{n} (\alpha_m \, |0\rangle + \beta_m \, |1\rangle) = \bigotimes_{m=1}^{n} \left(\hat{\alpha}_m \, |0\rangle + \hat{\beta}_m \, |1\rangle \right),$$

wobei

$$\hat{\alpha}_m = \frac{\alpha_m + \beta_m}{\sqrt{2}}, \quad \hat{\beta}_m = \frac{\alpha_m - \beta_m}{\sqrt{2}} \quad \text{für alle } m = 1, \ldots, n.$$

Beweis.   Der Beweis folgt schnell mit Definition 3.20 auf Seite 84 und Definition 3.26 auf Seite 87:

$$\mathbf{H}^{\otimes n} \bigotimes_{m=1}^{n} (\alpha_m \, |0\rangle + \beta_m \, |1\rangle) = \bigotimes_{m=1}^{n} (\mathbf{H} (\alpha_m \, |0\rangle + \beta_m \, |1\rangle))$$

$$= \bigotimes_{m=1}^{n} (\alpha_m \mathbf{H} \, |0\rangle + \beta_m \mathbf{H} \, |1\rangle)$$

$$= \bigotimes_{m=1}^{n} \left(\alpha_m \frac{|0\rangle + |1\rangle}{\sqrt{2}} + \beta_m \frac{|0\rangle - |1\rangle}{\sqrt{2}} \right)$$

$$= \bigotimes_{m=1}^{n} \left(\frac{\alpha_m + \beta_m}{\sqrt{2}} \, |0\rangle + \frac{\alpha_m - \beta_m}{\sqrt{2}} \, |1\rangle \right).$$

$\square$

Die Komplexität zur Berechnung der $\hat{\alpha}_m, \hat{\beta}_m$ beträgt nur $\mathrm{O}\,(n)$.

Das Hadamard-Gate wird oft in der Initialisierungsphase von Quantenalgorithmen verwendet. Für die Anwendung auf Standard-Startzustände lässt sich der Ergebniszustand natürlich sofort angeben und muss nicht mit Computerhilfe berechnet werden:

$$\mathbf{H}^{\otimes n} \left|0\right\rangle_n = \bigotimes_{m=1}^{n} \left(\frac{1}{\sqrt{2}} \left|0\right\rangle + \frac{1}{\sqrt{2}} \left|1\right\rangle \right),$$

$$\mathbf{H}^{\otimes n} \left|1\right\rangle_n = \left(\bigotimes_{m=1}^{n-1} \left(\frac{1}{\sqrt{2}} \left|0\right\rangle + \frac{1}{\sqrt{2}} \left|1\right\rangle \right) \right) \otimes \left(\frac{1}{\sqrt{2}} \left|0\right\rangle - \frac{1}{\sqrt{2}} \left|1\right\rangle \right).$$

5.3.2 Fouriertransformation

Die Anwendung des $\mathbf{F}^{\otimes n}$-Gates auf einen reinen Zustand $\left|x\right\rangle_n$ wurde bereits in Satz 3.35 auf Seite 94 betrachtet. Für $x = \sum_{j=0}^{n-1} x_j 2^j \in \{0, \ldots, 2^n - 1\}$ mit $x_j \in \mathbb{B}, j = 0, \ldots, n-1$, gilt:

$$\mathbf{F}^{\otimes n} \left|x\right\rangle_n = \bigotimes_{m=1}^{n} \left(\frac{1}{\sqrt{2}} \left|0\right\rangle + \frac{1}{\sqrt{2}} \exp\left(2\pi i \frac{x}{2^m} \right) \left|1\right\rangle \right) \tag{5.13}$$

$$= \bigotimes_{m=1}^{n} \left(\frac{1}{\sqrt{2}} \left|0\right\rangle + \frac{1}{\sqrt{2}} \exp\left(2\pi i \sum_{j=0}^{m-1} \frac{x_j}{2^{m-j}} \right) \left|1\right\rangle \right). \tag{5.14}$$

Ein möglicher Phasenfaktor $\lambda \in \mathbb{C}$ beim reinen Zustand kann beliebig auf die Koeffizienten des Ergebnisses verteilt werden.

Ein reiner Zustand wird also auf einen voll separablen Zustand abgebildet. Der Einfluss der Komponenten der Ausgangszustandes auf die (separablen) Qbits des Endzustandes ist in Abbildung 5.1 auf der nächsten Seite dargestellt.

Die Erstellung von $\sum_{j=0}^{m-1} \frac{x_j}{2^{m-j}}$ in (5.14) kann statt durch Division und Summation als Schieberegisteroperation mit $\mathrm{O}(n)$ Operationen durchgeführt werden. Ingesamt beträgt die Komplexität der Berechnung des Endzustandes also $\mathrm{O}(n^2)$.

Lemma 5.2 *Fouriertransformation und voll separable Zustände*

Es sei $\mathcal{H}^{\otimes n}, n \in \mathbb{N}$, der Zustandsraum eines n-Qbits und $\mathbf{F}^{\otimes n}$ sei die Fouriertransformation. Dann gilt für alle $\alpha_m, \beta_m \in \mathbb{C}, m = 1, \ldots, n$:

$$\mathbf{F}^{\otimes n} \bigotimes_{m=1}^{n} \left(\alpha_m \left|0\right\rangle + \beta_m \left|1\right\rangle \right) = \sum_{x=0}^{2^n-1} \bigotimes_{m=1}^{n} \left(\frac{\alpha_m(1 - x_{n-m}) + \beta_m x_{n-m}}{\sqrt{2}} \left|0\right\rangle \right.$$

$$\left. + \frac{\alpha_m(1 - x_{n-m}) + \beta_m x_{n-m}}{\sqrt{2}} \exp\left(2\pi i \sum_{j=0}^{m-1} \frac{x_j}{2^{m-j}} \right) \left|1\right\rangle \right). \tag{5.15}$$

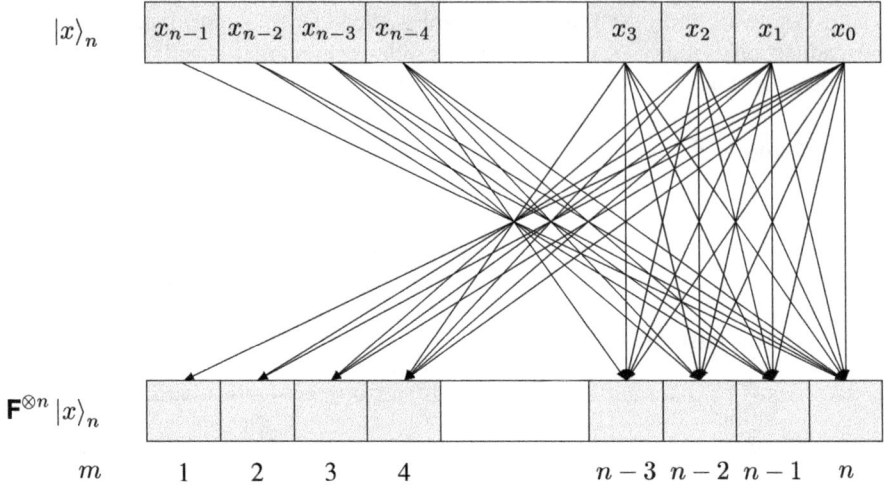

Abbildung 5.1: *Einfluss der einzelnen Qbit-Zustände eines reinen Ausgangszustands auf die Qbits des voll separablen Ergebniszustandes unter der Fouriertransformation*

Beweis.

$$\mathbf{F}^{\otimes n} \bigotimes_{m=1}^{n} (\alpha_m |0\rangle + \beta_m |1\rangle)$$

$$= \mathbf{F}^{\otimes n} \sum_{x=0}^{2^n-1} \left(\prod_{m=1}^{n} (\alpha_m (1 - x_{n-m}) + \beta_m x_{n-m}) \right) |x\rangle_n$$

$$= \sum_{x=0}^{2^n-1} \left(\prod_{m=1}^{n} (\alpha_m (1 - x_{n-m}) + \beta_m x_{n-m}) \right) \mathbf{F}^{\otimes n} |x\rangle_n$$

$$= \sum_{x=0}^{2^n-1} \left(\prod_{m=1}^{n} (\alpha_m (1 - x_{n-m}) + \beta_m x_{n-m}) \right)$$

$$\bigotimes_{m=1}^{n} \left(\frac{1}{\sqrt{2}} |0\rangle + \frac{1}{\sqrt{2}} \exp\left(2\pi i \sum_{j=0}^{m-1} \frac{x_j}{2^{m-j}} \right) |1\rangle \right)$$

$$= \sum_{x=0}^{2^n-1} \bigotimes_{m=1}^{n} \left(\frac{\alpha_m (1 - x_{n-m}) + \beta_m x_{n-m}}{\sqrt{2}} |0\rangle \right.$$

$$\left. + \frac{\alpha_m (1 - x_{n-m}) + \beta_m x_{n-m}}{\sqrt{2}} \exp\left(2\pi i \sum_{j=0}^{m-1} \frac{x_j}{2^{m-j}} \right) |1\rangle \right).$$

$\square$

Offen bleibt die Frage, ob die Anwendung der Fouriertransformation auf einen voll separablen

Zustand mit polynomialer Komplexität beschrieben werden kann, denn in der Darstellung von Lemma 5.2 auf Seite 127 verbleibt eine Summation mit exponentieller Ordnung. Aus der Formel (5.15) ist ersichtlich, dass jeder Einzel-Qbit-Zustand der summierten separablen Zustände nicht nur die Abhängigkeiten von Abbildung 5.1 auf der vorherigen Seite enthält, sondern zusätzlich die Phasenfaktoren α_m und β_m, so dass neben der Summation in Abbildung 5.1 auf der vorherigen Seite auch noch vertikale Abhängigkeiten zu ergänzen wären. Die Möglichkeit der Umformulierung auf eine Summation mit polynomialer Komplexität erscheint daher fraglich.

5.3.3   Exponentialgate

Lemma 5.3 *Exponentialgate und reine Zustände*

Es sei $\mathcal{H}^{\otimes n}$, $n \in \mathbb{N}$, der Zustandsraum eines n-Qbits. Weiter seien $n_1, n_2 \in \mathbb{N}$ mit $n_1 + n_2 = n$ und $a, N \in \mathbb{N}$ mit $a < N$ und $1 < N < 2^{n_2}$. Ist $\mathbf{E}_a$ das Exponentialgate für n_1, n_2, a und sind $\lambda \in \mathbb{C}$ und $z \in \{0, \ldots, 2^n - 1\}$, so gilt mit $z = x \cdot 2^{n_2} + y$ für $x \in \{0, \ldots, 2^{n_1} - 1\}$ und $y \in \{0, \ldots, 2^{n_2} - 1\}$:

$$
\mathbf{E}_a \lambda \left| z \right\rangle_n = \lambda \mathbf{E}_a \left| x \right\rangle_{n_1} \left| y \right\rangle_{n_2}
$$
$$
= \begin{cases} \lambda \left| x \right\rangle_{n_1} \left| a^x y (\mathrm{mod}\, N) \right\rangle_{n_2}, & \text{für } y \in \{0, \ldots, N-1\}, \\ \lambda \left| x \right\rangle_{n_1} \left| y \right\rangle_{n_2}, & \text{für } y \in \{N, \ldots, 2^{n_2} - 1\}. \end{cases}
$$

Beweis.   Der Beweis folgt sofort aus Definition 4.8 auf Seite 112. $\square$

Ein reiner Zustand wird also wieder auf einen reinen Zustand abgebildet.

Der Algorithmus besitzt die Komplexität der Berechnung von

$$
\hat{y} = a^x y (\mathrm{mod}\, N). \tag{5.16}
$$

Betrachtet man x in Binärdarstellung, also

$$
x = \sum_{j=0}^{n_1 - 1} x_j 2^j, \quad x_j \in \mathbb{B},\ j = 0, \ldots, n_1 - 1,
$$

so lässt sich (5.16) wie folgt aufspalten:

$$
\hat{y} = \left(a^{x_{n_1-1} 2^{n_1-1}} (\mathrm{mod}\, N) \right) \cdot \ldots \cdot \left(a^{x_0 2^0} (\mathrm{mod}\, N) \right) \cdot y (\mathrm{mod}\, N).
$$

Jede Multiplikation (auch modulo N) von Binärzahlen mit n_2 Bits ist mit $\mathrm{O}\left(n_2^2\right)$ Operationen durchführbar. Die Zahlen

$$
a^2 (\mathrm{mod}\, N), \quad a^4 (\mathrm{mod}\, N), \quad a^8 (\mathrm{mod}\, N), \ldots
$$

sind als aufeinanderfolgende Quadraturen durchführbar, so dass der Gesamtaufwand zur Berechnung von (5.16) insgesamt $\mathrm{O}\left(n_1 \cdot n_2^2\right) = \mathrm{O}\left(n^3\right)$ beträgt, also polynomial ist. Mit Hilfe tieferliegender algebraischer Betrachtungen ist der tatsächlich notwendige Aufwand noch etwas reduzierbar [14].

Lemma 5.4 *Exponentialgate und voll separable Zustände*

Es sei $\mathcal{H}^{\otimes n}$, $n \in \mathbb{N}$, der Zustandsraum eines n-Qbits. Weiter seien $n_1, n_2 \in \mathbb{N}$ mit $n_1 + n_2 = n$ und $a, N \in \mathbb{N}$ mit $a < N$ und $1 < N < 2^{n_2}$. Es sei $\mathbf{E}_a$ das Exponentialgate für n_1, n_2, a. Dann gilt für alle $\alpha_m, \beta_m \in \mathbb{C}$, $m = 1, \ldots, n$:

$$\mathbf{E}_a \bigotimes_{m=1}^{n} (\alpha_m |0\rangle + \beta_m |1\rangle)$$

$$= \sum_{x=0}^{2^{n_1}-1} \left[\left(\prod_{m=1}^{n_1} (\alpha_m(1 - x_{n_1-m}) + \beta_m x_{n_1-m}) \right) |x\rangle_{n_1} \right.$$

$$\otimes \sum_{y=0}^{N-1} \left(\prod_{m=1}^{n_2} (\alpha_{n_1+m}(1 - y_{n_2-m}) + \beta_{n_1+m} y_{n_2-m}) \right) |a^x y (\mathrm{mod}\, N)\rangle_{n_2} \right]$$

$$+ \left(\bigotimes_{m=1}^{n_1} (\alpha_m |0\rangle + \beta_m |1\rangle) \right)$$

$$\otimes \left(\sum_{y=N}^{2^{n_2}-1} \left(\prod_{m=1}^{n_2} (\alpha_{n_1+m}(1 - y_{n_2-m}) + \beta_{n_1+m} y_{n_2-m}) \right) |y\rangle_{n_2} \right).$$

Beweis.

$$\mathbf{E}_a \bigotimes_{m=1}^{n} (\alpha_m |0\rangle + \beta_m |1\rangle)$$

$$= \mathbf{E}_a \sum_{x=0}^{2^{n_1}-1} \left(\prod_{m=1}^{n_1} (\alpha_m(1 - x_{n_1-m}) + \beta_m x_{n_1-m}) \right) |x\rangle_{n_1}$$

$$\otimes \sum_{y=0}^{2^{n_2}-1} \left(\prod_{m=1}^{n_2} (\alpha_{n_1+m}(1 - y_{n_2-m}) + \beta_{n_1+m} y_{n_2-m}) \right) |y\rangle_{n_2}$$

$$= \sum_{x=0}^{2^{n_1}-1} \left(\prod_{m=1}^{n_1} (\alpha_m(1 - x_{n_1-m}) + \beta_m x_{n_1-m}) \right)$$

$$\cdot \left(\sum_{y=0}^{N-1} \left(\prod_{m=1}^{n_2} (\alpha_{n_1+m}(1 - y_{n_2-m}) + \beta_{n_1+m} y_{n_2-m}) \right) \mathbf{E}_a |x\rangle_{n_1} |y\rangle_{n_2} \right.$$

$$+ \sum_{y=N}^{2^{n_2}-1} \left(\prod_{m=1}^{n_2} (\alpha_{n_1+m}(1 - y_{n_2-m}) + \beta_{n_1+m} y_{n_2-m}) \right) \mathbf{E}_a |x\rangle_{n_1} |y\rangle_{n_2} \right)$$

$$= \sum_{x=0}^{2^{n_1}-1} \left(\prod_{m=1}^{n_1} (\alpha_m(1-x_{n_1-m}) + \beta_m x_{n_1-m}) \right)$$

$$\cdot \left(\sum_{y=0}^{N-1} \left(\prod_{m=1}^{n_2} (\alpha_{n_1+m}(1-y_{n_2-m}) + \beta_{n_1+m} y_{n_2-m}) \right) |x\rangle_{n_1} |a^x y (\mathrm{mod}\, N)\rangle_{n_2} \right.$$

$$\left. + \sum_{y=N}^{2^{n_2}-1} \left(\prod_{m=1}^{n_2} (\alpha_{n_1+m}(1-y_{n_2-m}) + \beta_{n_1+m} y_{n_2-m}) \right) |x\rangle_{n_1} |y\rangle_{n_2} \right)$$

$$= \sum_{x=0}^{2^{n_1}-1} \left[\left(\prod_{m=1}^{n_1} (\alpha_m(1-x_{n_1-m}) + \beta_m x_{n_1-m}) \right) |x\rangle_{n_1} \right.$$

$$\otimes \left(\sum_{y=0}^{N-1} \left(\prod_{m=1}^{n_2} (\alpha_{n_1+m}(1-y_{n_2-m}) + \beta_{n_1+m} y_{n_2-m}) \right) |a^x y (\mathrm{mod}\, N)\rangle_{n_2} \right.$$

$$\left. + \sum_{y=N}^{2^{n_2}-1} \left(\prod_{m=1}^{n_2} (\alpha_{n_1+m}(1-y_{n_2-m}) + \beta_{n_1+m} y_{n_2-m}) \right) |y\rangle_{n_2} \right) \right]$$

$$= \sum_{x=0}^{2^{n_1}-1} \left[\left(\prod_{m=1}^{n_1} (\alpha_m(1-x_{n_1-m}) + \beta_m x_{n_1-m}) \right) |x\rangle_{n_1} \right.$$

$$\left. \otimes \sum_{y=0}^{N-1} \left(\prod_{m=1}^{n_2} (\alpha_{n_1+m}(1-y_{n_2-m}) + \beta_{n_1+m} y_{n_2-m}) \right) |a^x y (\mathrm{mod}\, N)\rangle_{n_2} \right]$$

$$+ \left(\bigotimes_{m=1}^{n_1} (\alpha_m |0\rangle + \beta_m |1\rangle) \right)$$

$$\otimes \left(\sum_{y=N}^{2^{n_2}-1} \left(\prod_{m=1}^{n_2} (\alpha_{n_1+m}(1-y_{n_2-m}) + \beta_{n_1+m} y_{n_2-m}) \right) |y\rangle_{n_2} \right).$$

$$\square$$

Offen bleibt auch hier die Frage, ob die Anwendung des Exponentialgates auf einen voll separablen Zustand mit polynomialer Komplexität beschrieben werden kann, da die Summation in Lemma 5.4 auf der vorherigen Seite von exponentieller Komplexität ist, und eine polynomiale Umformung nicht offensichtlich ist.

5.4 Implementierung von Messungen

Die Messung eines „beliebigen" n-*Qbit*-Zustandes v benötigt nach Abschnitt 5.1 $O(2^n)$ Operationen, wie bereits in (5.7) zu sehen.

Betrachtet man einen voll separablen Zustand

$$v = \bigotimes_{m=1}^{n} \left(\alpha_m \left| 0 \right\rangle + \beta_m \left| 1 \right\rangle \right), \quad \alpha_m, \beta_m \in \mathbb{C}, \ |\alpha_m|^2 + |\beta_m|^2 = 1, \ m = 1, \dots, n,$$

so kann mit Lemma 3.17 auf Seite 81 jede Qbit-Komponente einzeln gemessen werden.

Man betrachte nun die m-te Tensorkomponente in obiger Darstellung, also $v_m = \alpha_m \left| 0 \right\rangle + \beta_m \left| 1 \right\rangle$. Bei der Messung dieser Komponente handelt es sich um die Realisierung der Zufallsvariablen

$$X_m := \mathscr{M}_1^{v_m}, \tag{5.17}$$

wobei in der Tupeldarstellung für die Wahrscheinlichkeitsverteilung gilt:

$$P(\{X_m = 0\}) = |\alpha_m|^2, \quad P(\{X_m = 1\}) = |\beta_m|^2. \tag{5.18}$$

Zur Implementierung auf einem klassischen Computer bestimme man ein $x_m \in [0, 1[$ gleichverteilt mit einem Zufallszahlengenerator. Die simulierte Messung hat

Ergebnis 0, wenn gilt $x_m \in [0, |\alpha_m|^2[$, \tag{5.19}

Ergebnis 1, wenn gilt $x_m \in [|\alpha_m|^2, 1[$. \tag{5.20}

Hierfür ist konstanter Aufwand notwendig. Mit einer Komplexität von $O(n)$ erhält man somit das Gesamtergebnis als

$$\sum_{m=1}^{n} 2^{n-m} X_m.$$

5.5 Kaskadierte Messungen

Aufgrund der abschließenden Messung ist jeder Quantenalgorithmus ein stochastischer Algorithmus. Da sich die Anwendung wichtiger Gates auf reine Zustände mit polynomialer Komplexität auf einem klassischen Computer implementieren lässt, besteht eine Idee darin, dass man nach jedem Gate eine Messung durchführt, um wieder einen reinen Zustand zu erhalten. Die Vorstellung ist, dass das wiederholte Anwenden dieser Vorgehensweise im empirischen Mittel das eigentliche Gesamtergebnis erzeugt. Wendet man die Messung an mehreren Stellen an, so verfolgt ein Durchlauf des Verfahrens einen Pfad durch einen Baum von möglichen Abläufen.

Zur Untersuchung der Idee betrachten wir einen Quantenalgorithmus:

$$\boxed{v := Uu, \quad X := \mathscr{M}_{\{M_0, \dots, M_{m-1}\}}^v.} \tag{5.21}$$

Dabei sind $u, v \in \mathcal{H}^{\otimes n}$ zwei Zustände und U ist ein auf u angewandtes Gate. Die abschließende Messung ist die Realisierung der Zufallsvariablen X als Messung bezüglich eines Messoperatorsatzes $\{M_0, \dots, M_{m-1}\}$, $m \in \mathbb{N}$. Inbesondere gilt damit für $j = 0, \dots, m - 1$:

$$P(\{X = j\}) = \|M_j v\|^2 = \|M_j U u\|^2. \tag{5.22}$$

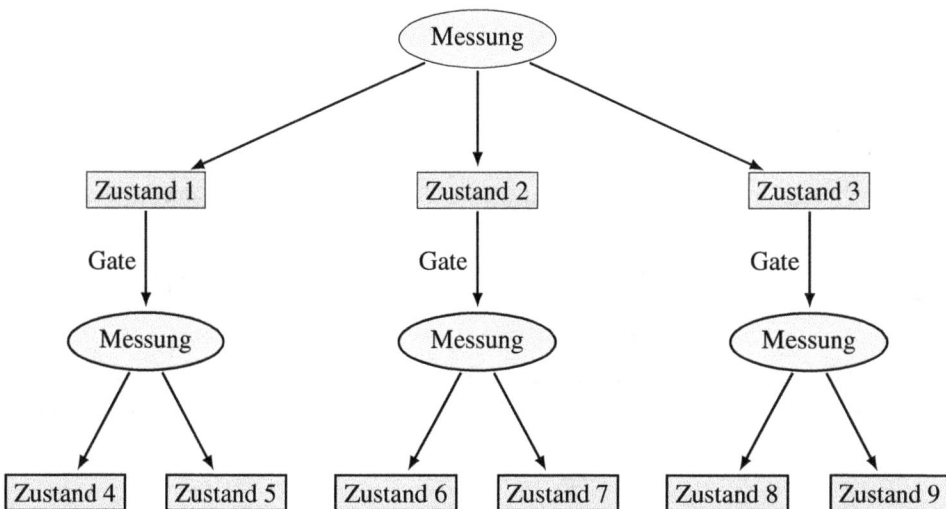

Abbildung 5.2: *Formale Darstellung eines Ablaufbaumes bei kaskadierten Messungen. Jede Messung erzeugt einen (Zwischen-)Ergebniszustand mit einer gewissen Wahrscheinlichkeit. Davon ausgehend erfolgt ein weiterer Verfahrensschritt mit einem oder mehreren Gates, woraufhin eine weitere Messung erfolgt.*

Nach Definition 3.12 auf Seite 73 ist der Zustand nach der Messung

$$\frac{M_X v}{\|M_X v\|}.$$

Nun wird der Algorithmus dahingehend abgewandelt, dass der Zustand u zunächst bezüglich eines Messoperatorsatzes $\{Q_0, \ldots, Q_{q-1}\}$, $q \in \mathbb{N}$, gemessen wird und erst danach das Gate angewandt wird, also

$$Y := \mathscr{M}^u_{\{Q_0,\ldots,Q_{q-1}\}}, \quad \hat{v} := U \frac{Q_Y u}{\|Q_Y u\|}, \quad \hat{X} := \mathscr{M}^{\hat{v}}_{\{M_0,\ldots,M_{m-1}\}}. \tag{5.23}$$

Jetzt berechnen wir die Wahrscheinlichkeitsverteilung von $\hat{X}$, um sie mit der von X aus dem Originalalgorithmus (5.21) zu vergleichen. Man erhält sie mit der „Formel von der totalen Wahrscheinlichkeit" aus Satz 2.70 auf Seite 53:

$$P\left(\left\{\hat{X} = j\right\}\right) = \sum_{k=0}^{q-1} P\left(\{Y = k\}\right) \cdot P\left(\left\{\hat{X} = j | Y = k\right\}\right) \tag{5.24}$$

$$= \sum_{k=0}^{q-1} \|Q_k u\|^2 \cdot \left\| M_j U \frac{Q_k u}{\|Q_k u\|} \right\|^2 \tag{5.25}$$

$$= \sum_{k=0}^{q-1} \|M_j U Q_k u\|^2. \tag{5.26}$$

Folgend aus Definition 3.11 auf Seite 72 gilt bekanntlich

$$\sum_{k=0}^{q-1} \|Q_k u\|^2 = \|u\|^2 = 1,$$

aber leider hebt sich in (5.26) die Summe der Q_k nicht hinweg, d.h. im Allgemeinen hat man

$$P\left(\left\{\hat{X}=j\right\}\right) = \sum_{k=0}^{q-1} \|M_j U Q_k u\|^2 \neq \|M_j U u\|^2 = P\left(\{X=j\}\right). \qquad (5.27)$$

Zur Belegung dient die Angabe eines einfachen Gegenbeispiels, das hier in Tupelnotation und mit Matrizen beschrieben wird. Zur Vereinfachung der Darstellung werden den Matrizen die Bezeichnungen der Operatoren gegeben:

$$u := \frac{1}{\sqrt{5}} \begin{pmatrix} 1 \\ 2 \end{pmatrix}, \quad U := \frac{1}{\sqrt{2}} \begin{pmatrix} 1 & 1 \\ 1 & -1 \end{pmatrix},$$

$$Q_0 := \begin{pmatrix} 1 & 0 \\ 0 & 0 \end{pmatrix}, \quad Q_1 := \begin{pmatrix} 0 & 0 \\ 0 & 1 \end{pmatrix}, \quad M_0 := \begin{pmatrix} 1 & 0 \\ 0 & 0 \end{pmatrix}, \quad M_1 := \begin{pmatrix} 0 & 0 \\ 0 & 1 \end{pmatrix}.$$

- Originalalgorithmus 5.21:

$$v = Uu = \frac{1}{\sqrt{10}} \begin{pmatrix} 3 \\ -1 \end{pmatrix},$$

$$P\left(\{X=0\}\right) = \|M_0 v\|^2 = \left\| \frac{1}{\sqrt{10}} \begin{pmatrix} 3 \\ 0 \end{pmatrix} \right\|^2 = \frac{9}{10},$$

$$P\left(\{X=1\}\right) = \|M_1 v\|^2 = \left\| \frac{1}{\sqrt{10}} \begin{pmatrix} 0 \\ -1 \end{pmatrix} \right\|^2 = \frac{1}{10}.$$

- Modifizierter Algorithmus 5.23 mit kaskadierten Messungen:

$$U Q_0 u = U \frac{1}{\sqrt{5}} \begin{pmatrix} 1 \\ 0 \end{pmatrix} = \frac{1}{\sqrt{10}} \begin{pmatrix} 1 \\ 1 \end{pmatrix},$$

$$U Q_1 u = U \frac{1}{\sqrt{5}} \begin{pmatrix} 0 \\ 2 \end{pmatrix} = \frac{1}{\sqrt{10}} \begin{pmatrix} 2 \\ -2 \end{pmatrix},$$

$$P\left(\left\{\hat{X}=0\right\}\right) = \|M_0 U Q_0 u\|^2 + \|M_0 U Q_1 u\|^2$$

$$= \left\| \frac{1}{\sqrt{10}} \begin{pmatrix} 1 \\ 0 \end{pmatrix} \right\|^2 + \left\| \frac{1}{\sqrt{10}} \begin{pmatrix} 2 \\ 0 \end{pmatrix} \right\|^2 = \frac{1}{2},$$

$$P\left(\left\{\hat{X}=1\right\}\right) = \|M_1 U Q_0 u\|^2 + \|M_1 U Q_1 u\|^2$$

$$= \left\| \frac{1}{\sqrt{10}} \begin{pmatrix} 0 \\ 1 \end{pmatrix} \right\|^2 + \left\| \frac{1}{\sqrt{10}} \begin{pmatrix} 0 \\ -2 \end{pmatrix} \right\|^2 = \frac{1}{2}.$$

Bereits in diesem einfachen Fall führt die zusätzliche Messung innerhalb des Quantenalgorithmus zu einer totalen Verfälschung der Ergebnisverteilung. Daher muss die Idee verworfen werden, dass durch „geschickte Zwischenmessungen" einfachere Zustände erzeugt werden könnten bei Erhalt des Gesamtergebnisses im globalen Mittel.

5.6 Zusammenfassung

Die polynomiale Komplexität des Shor-Algorithmus und die neue Herangehensweise an die Informationsverarbeitung durch Quantenalgorithmen beflügelt die Vorstellung, diese neuen Ideen bereits heute auf klassischen Computern sinnvoll nutzen zu können. Zu diesem Zweck wird eine Methodik benötigt, die die exponentielle Komplexität von Speicher und Operationen vermeidet, die eine direkte Simulation eines Quantencomputers zwangsläufig mit sich bringen würde.

Die Untersuchung der Gates des Shor-Algorithmus in den vorangegangenen Abschnitten zeigt, dass eine Reduktion des Zustandsraumes auf voll separable Zustände oder gewissen Kombinationen von voll separablen Zuständen nicht gelingt. Wäre eine solche Reduktion möglich, so wäre zumindest der Speicherbedarf nur polynomial. Beim Hadamard-Gate, welches ja das Tensorprodukt von Ein-Qbit-Gates ist, gelingt die Reduktion natürlicherweise, aber die Struktur der Fouriertransformation und des Exponentialgates verschließt sich einer solchen Darstellung.

Da ein kompletter Quantenalgorithmus aufgrund der Messung insgesamt ein stochastischer Algorithmus ist, ist es eine interessante Idee, die stochastischen Anteile auf alle algorithmischen Teile auszudehnen. Statt nur einer abschließenden Messung könnte man nach ausgewählten Teilschritten messen, was zu einer Zustandsreduktion führt. Dadurch entsteht insgesamt ein stochastischer Prozess. Wie in Abschnitt 5.5 gezeigt wurde, wird die Wahrscheinlichkeitsverteilung der Schlussmessung aber durch Zwischenmessungen im Allgemeinen so verfälscht, dass das Verfahren nicht durchführbar ist. Denkbar bleibt es aber, dass es bestimmte Abläufe von speziellen Gates und speziellen Messungen geben könnte, die Wahrscheinlichkeitsverteilung der Schlussmessung nicht verfälschen. Ein Ansatz dazu mit einem Branch-and-Bound-Algorithmus auf einer Random-Walk-Darstellung von Quantenalgorithmen wird in [20] untersucht.

Auch wenn eine konkrete Nutzanwendung von Quantenalgorithmen für klassische Computer zum gegenwärtigen Zeitpunkt noch nicht gelungen ist und vielleicht aufgrund der massiven Verschränkung der Zustände niemals gelingen kann, wird die neue Denkweise der Quantenalgorithmen in Zukunft sicher auch Algorithmen für klassische Computer befruchten.

Literaturverzeichnis

[1] Heinz Bauer. *Maß- und Integrationstheorie*. de Gruyter Verlag, Berlin, New York, zweite Auflage, 1992.

[2] Heinz Bauer. *Wahrscheinlichkeitstheorie*. de Gruyter Verlag, Berlin, New York, fünfte Auflage, 2002.

[3] Albrecht Beutelspacher. *Kryptologie*. Vieweg Verlag, Braunschweig, Wiesbaden, 6. Auflage, 2002.

[4] Dirk Bouwmeester, Artur Ekert und Anton Zeilinger. *The Physics of Quantum Information*. Springer Verlag, Berlin, Heidelberg, New York, 2000.

[5] Dagmar Bruß. *Quanteninformation*. Fischer, Frankfurt am Main, 2003.

[6] David Deutsch. *Quantum theory, the Church-Turing Principle and the universal quantum computer*. In *Proceedings Royal Society of London A*, Band 400, Seiten 97–117. London, 1985.

[7] David Deutsch und Richard Jozsa. *Rapid solution of problems by quantum computation*. In *Proceedings Royal Society of London A*, Band 439, Seiten 553–558. London, 1992.

[8] Lov K. Grover. *A fast quantum mechanical algorithm for database search*. In *Proceedings 28th Annual ACM Symposium on the Theory of Computing (STOC)*, Seiten 212–219. Mai 1996.

[9] Friedrich Hirzebruch und Winfried Scharlau. *Einführung in die Funktionalanalysis*. Bibliographisches Institut (B.I.), Mannheim, Leipzig, Wien, Zürich, 1991.

[10] Klaus Jänich. *Lineare Algebra*. Springer-Lehrbuch. Springer Verlag, Berlin, Heidelberg, New York, 10. Auflage, 2004.

[11] David Meintrup und Stefan Schäffler. *Stochastik*. Springer Verlag, Berlin, Heidelberg, New York, 2004.

[12] Kurt Meyberg. *Algebra Teil 1*. Carl Hanser Verlag, München, Wien, zweite Auflage, 1980.

[13] Herbert Müther. *Quantenmechanik*. Vorlesungs-Skriptum, Universität Tübingen, 1999.

[14] Michael A. Nielsen und Isaac L. Chuang. *Quantum Computation and Quantum Information*. Cambridge University Press, Cambridge, 2000.

[15] Fritz Reinhardt und Heinrich Soeder. *dtv-Atlas zur Mathematik Band 1*. dtv-Atlas. Deutscher Taschenbuch Verlag, München, 12. Auflage, 2001.

[16] Ronald L. Rivest, Adi Shamir und Leonard A. Adleman. *A method for obtaining digital signatures and public-key cryptosystems*. Communications of the ACM, 21(2): Seiten 120–126, 1978.

[17] Stefan Schäffler. *Decodierung binärer linearer Blockcodes durch globale Optimierung*. Nummer 485 in Theorie und Forschung. Roderer Verlag, Regensburg, 1997.

[18] Stefan Schäffler und Thomas F. Sturm. *Wahrscheinlichkeitstheorie und Statistik I für Mathematiker*. Vorlesungs-Skriptum IAMS Nr. 5, Technische Universität München, München, Oktober 1994.

[19] Stefan Schäffler und Thomas F. Sturm. *Wahrscheinlichkeitstheorie und Statistik II für Mathematiker*. Vorlesungs-Skriptum IAMS Nr. 6, Technische Universität München, München, März 1995.

[20] Robert Schmied. *Stochastische Analyse von Quantenalgorithmen*. Vdm Verlag Dr. Müller, Saarbrücken, 2008.

[21] Peter W. Shor. *Algorithms for quantum computation: discrete logarithms and factoring*. In *Proceedings 35th Annual Symposium on Fundamentals of Comp. Science (FOCS)*, Seiten 124–134. 1994.

[22] Thomas F. Sturm. *Stochastische Analysen und Algorithmen zur Soft Decodierung binärer linearer Blockcodes*. Dissertation, Universität der Bundeswehr München, Neubiberg, Juli 2003.

[23] Thomas F. Sturm. *Maß- und Integrationstheorie*. Vorlesungs-Skriptum, Universität der Bundeswehr München, 2005.

[24] Wolfgang Walter. *Analysis 2*. Springer-Lehrbuch. Springer Verlag, Berlin, Heidelberg, New York, fünfte Auflage, 2002.

Index